JN162433

# 古今東西エンジン図鑑

## その生い立ち・背景・技術的考察

鈴木　孝

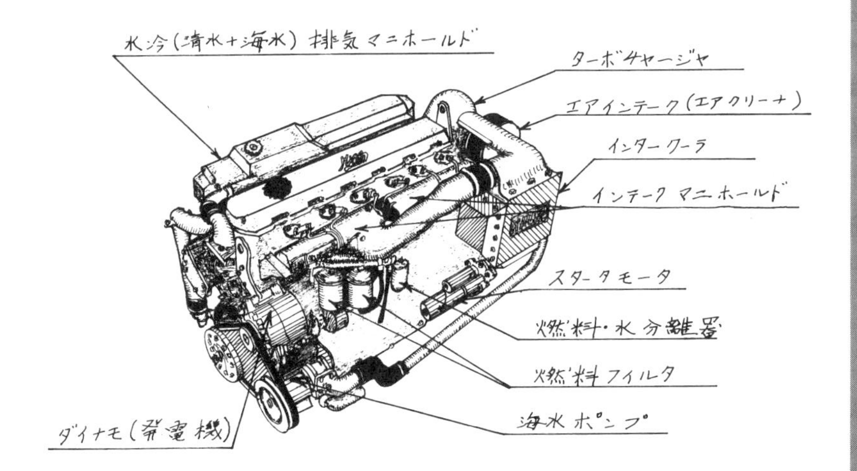


グランプリ出版

# はじめに

一日、私の青春をかけたヒノサムライのレースエンジンの設計図を抱えて神田の坂をゆっくり上って行った。

すると、シュトルムの「インメンゼー」の冒頭の一節、

「ある晩秋の午後、かなり年取った老人がゆっくり町の坂道を上って行った」

この老人が思い出すその青春ロマンスのドイツ語のイントネーションが浮かんだのである。

それはベートーベンであり、ソナタであり、ピアノであり、111 番であった。そこにロマンスあり、迷いあり、悩みあり、輝きあり、失楽あり、それはエンジンの一生も同じである。多くのエンジンの一生も道程は異なっても同じソナタである。そんな物語の中にヒノサムライのエンジンも含めさせてもらうため、神保町の編集部に向かったのである。

前著『名作・迷作エンジン図鑑』の続編ということで執筆を迫られたが、「俺のことを書いてくれ」「私を忘れないで」と、古今東西のエンジンの一斉の叫びに追われた。自動車用と飛行機用が多くなってしまったが、戦車用、船用、汎用も含めさせてもらった。

のんびり運転で筆が重く、迷惑をかけながらようやく脱稿した。

たまたま東京外語大学の沓掛良彦名誉教授が、高齢化に伴い 1 分前の記憶がなくなると言及され、現世を「澆季末世」と一刀両断されておられたエッセイ（日経 2015/10/04）を拝見した。全く同感であったが、筆が重い原因が記憶力衰退によるものであることも自覚させられた。そんなことで、この度の拙稿も誤謬、錯覚の懼れなしとはなし得ない。忌憚なき御叱責と御指摘を乞うものである。

鈴木　孝

# 目　次

# 第 1 章

## 高速 2 輪馬車
## チャリオット

### 自動車の原点

チャリオットとは人類初の動力（ろば、馬）付きの車で、リヤカーと同じ横 1 軸の 2 輪車である。そしてこれが自動車の原点といえる。BC（紀元前）3000 年頃、ヒッタイトに現れたとされる。ヒッタイト人は人類初の鉄を作ったことで有名であるが、動物の動力（最初は「ろば」）を初めて利用したのもヒッタイト人である。彼らがすでに作っていた 2 軸 4 輪車の技術と北方遊牧民族の騎馬技術を組み合わせて、動力の出力を上げた高速 2 輪馬車チャリオットがそれである[1-1]。ヒッタイト人は BC2000 年頃いずこからともなく現れ、一大王国を築き世界最古といわ

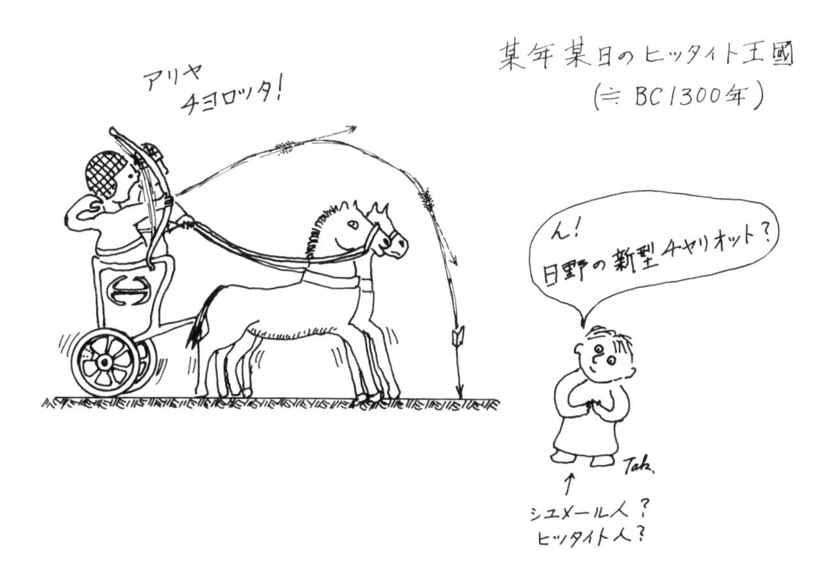


**図 1-1：某年某日のヒッタイト王国（BC1300 年頃）**
人類初の文明といわれるシュメール文明を引き継いだヒッタイトでチャリオットが生まれた。これが自動車の原点である。

**図 1-2：ミノアの遺跡（ギリシャ）から発掘された車軸ベアリング部などから復元されたチャリオット（AD284~305 年／アテネ国立考古学博物館）**
前軸がシングル、後軸がダブルタイヤ用で材料はブロンズである。ブロンズは BC3000 年頃には現れていたようだ。木製の椅子などは発掘後推定して取り付けられたもの。4 輪であるがチャリオットと説明されている。

れるシュメール文明（メソポタミア文明）の直接の継承者といわれるバビロニア王国を滅ぼしたが、BC1300 年頃突如として消滅した。一方シュメール人もそれ以前にどこからともなく現れて、ウル遺跡（現イラク）に残る人類最古の文明を築き上げ、BC4000 年頃に突如消滅した。ヒッタイト人もシュメール人もどこから来て、どこに行ってしまったのかは未だに謎であり、人心をかきたてるロマンではあるが、本題のチャリオットに戻ろう。

チャリオットの技術は BC2000 年頃にはエジプトに伝えられ、以後徐々に広まり、BC 数百年頃には中国も含めて広く使われたようだ。図 1-2 は Asia Minor（ミノア）の遺跡から見つかった車軸部と装飾品から復元したローマ時代のチャリオットである。AD（紀元後）284～305 年といわれ、恐らく皇帝が凱旋パレードに使ったものではないかとの説明がなされている。4 輪馬車は長く使われ、その時代から今日に至る道筋が見える。

チャリオットはその動力を馬に求めて発展したわけであるが、そもそも動力はいかにして人類が手にしてきたかを一瞥しよう。

人類のものづくり、これは人間としての重要な文化であるが、それは旧石器時代の約 115 万年前から始まった（陝西（せんせい）歴史博物館）。その活動には何らかの動力が必要で、当初は当然人力であった。

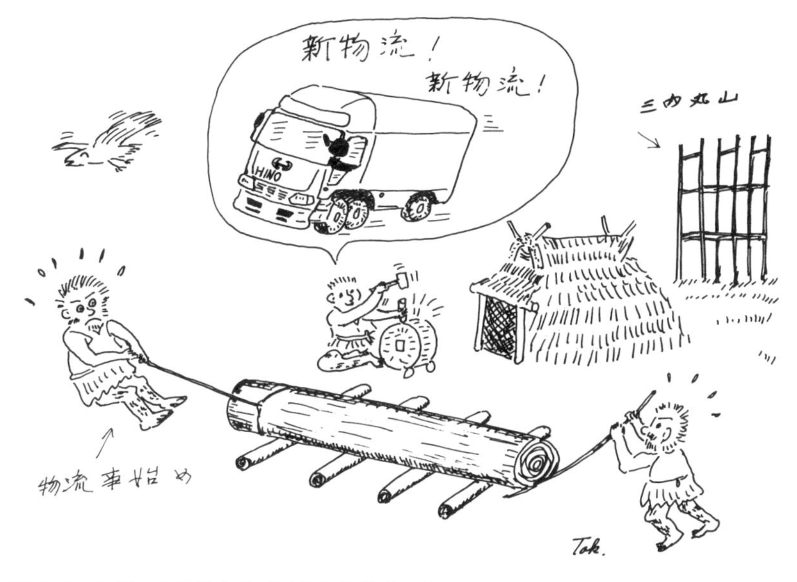


**図 1-3：人類の文化はものづくりから始まった**
ものづくりには何らかの動力が要る、人間の微力を補うために道具が工夫され、「ころ」とか「てこ」によって仕事は大きくなり、人間を束で使うことで、動力は大きく拡大され巨大な建造物も作った。

人間ひとりの動力は連続では 100W 程度の微力であるが、これを束で使えば動力の性能が増すということで、種族間の抗争で捕えた人間を使う奴隷制度が生まれ、エジプト文明の巨大なピラミッド（約 BC2500 年）はこの成果といわれる（奴隷の利用は嘘という説もある）。三内丸山の巨大建造物（約 BC1000 年）が奴隷によって築かれたか否かは知らないが、当時すでに長さの単位もあり、柱の角度がすべて内側に傾いていることから角度の単位もあったとされる。

船も人力で動かしたが、ギリシャのガレー船（BC3000 年頃）は奴隷による手漕ぎ船で小廻りが利くことから、軍船として利用された。中国では 7 世紀唐時代に外輪船を発明していたが、世界一の美女楊貴妃の船は人力による外輪船であった。漕ぎ手の男たちは美女をまぢかにのぞみながら、いつまでも幸せに漕ぎ続けたに違いない。

やがて自然力を利用した風力（BC3000 年ごろのメソポタミアの帆船

**図1-4：長恨歌で有名な西安の華清池で見た外輪船**
大理石の楊貴妃の背景に彼女が遊んだ竜島鷁首（りゅうとうげきしゅ、君主の船飾り）の付いた外輪船がのぞめる。ただし石作りで、実際には動かない。漕ぎ手は当時すでに奴隷制はなく人夫であったとのこと。

が最初)、水車（ギリシャのテッサロニカの詩文からBC100年頃と判明したが、これが最初の水車）を経て、火を利用した蒸気機関、内燃機関の活躍となり今日に至るわけである。

チグリス川とユーフラテス川の河口に生まれた文明（ウル遺跡）が、色々な人種と交わり闘争し、社会は変動を繰り広げながら動力を発達させてきた壮大なロマンの末に、火の利用にたどりついたのである。

そしてこれが、燃料電池となり水素エネルギーの利用となろうというのが、周知のように今日の予想である。

# 第2章

## あっちこっちから悪口の的となった キュニョーの蒸気自動車

### 大きさに圧倒される

パリのシャンゼリセ通りを外れた閑静な路地、その風情に溶け込んで古い教会が建っている。それが国立工芸博物館（Musée des Arts et Métiers）である。中は湿っていて暗い。その暗がりの中で初めて目にしたキュニョーの蒸気自動車は、まずその大きさに圧倒された。巨大な馬車である。馬に替わって先頭に大きなボイラがぶら下がっている。

ボイラでできた蒸気をその背後のシリンダに導き、そこからピストンの動きをピストン棒（ロッド）を経由して、車軸に直結したラチェット

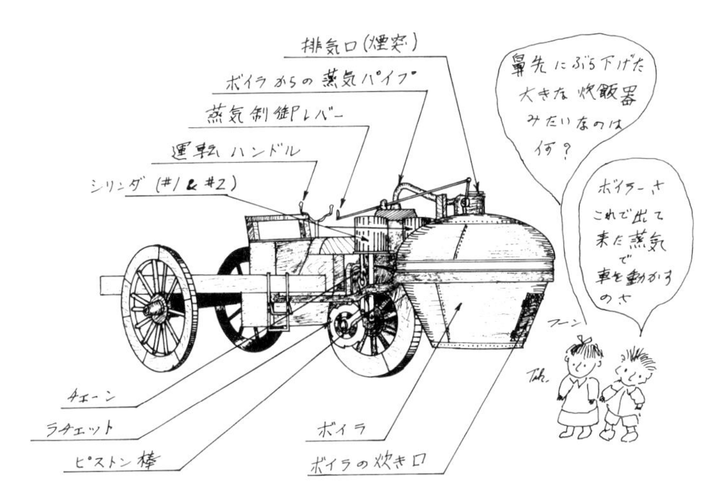


**図 2-1：キュニョーの蒸気自動車（1769〜1771 年）**
ニューコメンのエンジンはピストン棒の動きを梃子によってポンプの駆動に用いた。自動車は車輪を回さねばならない。クランク機構もまだ世にない。キュニョーはシリンダを車輪の両側に置いてピストン棒にラチェットを噛ませ、回転の 90 度ごとに両側のシリンダに作動させた。したがって作動輪を 1 個とした 3 輪車が生まれ、ボイラは駆動輪の前にぶら下げて駆動輪の荷重を増加させた。その結果でき上がったのがこのスタイルである。ワットの蒸気機関もいわんやトレビシックの高圧蒸気機関もまだ生まれていない時代、これだけのものをとにかく作り上げたことは賞賛に値する。

に伝えて車を動かす仕組みで、これがまさに機械による動力で動く初めての自動車である。

動物に依存していたエネルギーの供給を火を利用することで、人類は強大な動力を手にすることになるのだが、それは1712年トーマス・ニューコメン（Thomas Newcomen）によってもたらされた。この水ポンプは排水に悩むイギリスの炭坑に歓喜とともに迎えられたのだ。

やがてこれが元になってジェームズ・ワット（James Watt）の蒸気エンジンが発明され（1776年）、リチャード・トレビシック（Richard Trevithick）によって大気圧エンジンから脱却した高圧蒸気エンジン（1802年）となり機関車、自動車への応用となるのである[(2-1)]。しかし、トレビシックの高圧蒸気エンジンの発明より33年も前の1769年、いきなり大気圧エンジンを脱却した、つまり高圧蒸気エンジン付き自動車を作ってしまったのがフランスのニコラ＝ジョゼフ・キュニョー（Nicolas- Joseph Cugnot）である。

### あっちこっちから批判が飛び出した

フランス人はこれに大いに気を良くし、この車は実際に道路を走ったとした。しかし残念ながら操舵が不如意で壁にぶつかり大破し、展示の車は、したがってこれを修理したものであると説明した。これに対しあっちこっちから批判（悪口）が飛び出した。その急先鋒のひとりが東京農工大学の樋口健治教授であった。大略を引用しよう[(2-2)]。

１、蒸気圧力不足

自重約2.5トンの車を２シリンダ40リッターのエンジンで動かすには不足。

２、シリンダとピストンとの蒸気漏れにより作動は不能

ボア×ストローク＝330.2mm × 304.8mmのピストンとシリンダの加工は蒸気漏れを防ぎ得るだけの精度でできる訳はない。ワットの蒸気エンジンはウイルキンソンの中ぐり盤の完成でようやく漏れ対策ができたもの。ニューコメンは蒸気漏れ対策として綱（恐らくシュロ）を何本

**図 2-2：ニューコメンエンジンのピストン（ドイツ博物館蔵）**
図のものは 10 本の綱を巻き付けてあり、トップのものはその径が太い。ピストンリングのアイデアはこの延長から出てきたことがうかがえる。

か巻いて防いだ。

3、ボイラは小さく不完全

給水弁もない、安全弁もない。

木炭焚きの貧弱な火格子では蒸発量は極めて少ない。

4、ボイラの肉厚が薄すぎる

樋口教授の指摘は以上である。

バード（A.Bird）は同じく加工精度に言及し、さらにラチェット式駆動方式は無理としている。後述のように機構的には動きそうであるが具体的に作動力などを検討したのかもしれない(2-3)。

さらにアメリカ機械学会でもコメントを記述している、それによると、

・プロトタイプは 1999 年（平成 11 年）に展示された（筆者が初めて見たのは 1990 年であるからその後博物館は変わっているのかも？）。
・キュニョーは軍隊を退役後 1804 年に亡くなった。
・アメリカのテンパの自動車博物館で、ドイツ製のレプリカを利用し映画を製作したがヒトラーから文句をつけられて非公開となった。
・現在のフランスのものもボイラはオリジナルではなく小さすぎる。ぶつかって壊れたものの再製を計画したが火災などでできなかった。

以上で、Alam Cerf、“Nicolas Cugnot and Chariot of Fire” を参照さ

れたい。

とある。残念ながら筆者もこの書物をまだ手にしていない。

とにかく、世界中が騒いではいるようだが、実際に動いたというのは作り話であったようだ。ケチのついたラチェット方式をもう一度見てみることにしよう。

図 2-3 に示すようにまず #1 ピストンの上下運動はラチェットの回転運動に伝えられるが、その間のロッドに付けられた爪によりタイヤが回転する。回転角が 90 度を過ぎると爪ははずれ、#1 および #2 チェーンの連動により、今度は #2 ピストンに繋がれた爪が #2 ラチェットに掛かりこれがタイヤの次の 90 度の回転を受け持つのである。

2 シリンダにした理由も、1 輪を駆動輪として 3 輪車にした理由もこれでわかる。

さて、ケチをつけられ悪口を浴びせられはしたが、基本的に大気圧エンジンであるワットの蒸気エンジンも、いわんやトレビシックの高圧エンジンもまだ世に出ていない遥か以前、さらに、傘歯車もウォーム歯車も加工できなかった時代に、これだけの機構を持った自動車を作っていたという事実は、賞賛の他ないではないか！　とにかく、彼は作った、筆者の前著に記した「巧を言外に求めた」のである (2-1)。

またもし作り話がなければこんな議論も生まれず、注目もされなかったかもしれない。作り話も時には必要かもしれない。

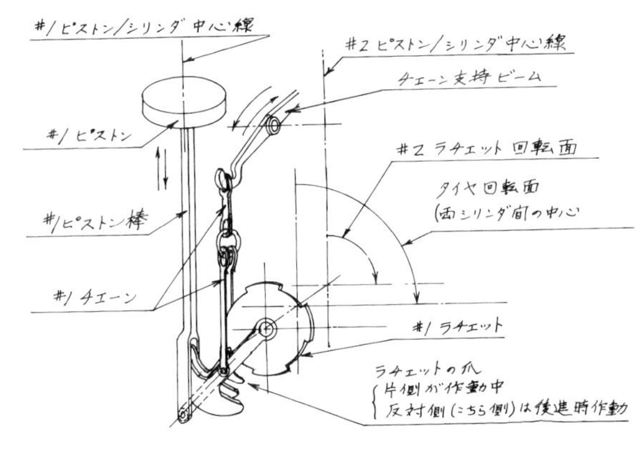


**図 2-3：キュニョーの自動車のラチェット作動機構**
ピストン棒の上下作動をラチェットに伝えるが、90 度の回転ごとに作動力は左右のシリンダのラチェットに分担させる。

# 第3章

## ボイラーマン泣かせ
# 蒸気バスエンジン



### 乗り合い馬車を発想したのはパスカル

1712年トーマス・ニューコメン（Thomas Newcomen）によって発明された大気圧蒸気エンジンは1776年のジェームス・ワット（James Watt）のエンジンに進歩し、1808年には大気圧の束縛を脱したリチャード・トレビシック（Richard Trevithick）の高圧蒸気エンジンとなって、ぐっと小型化されて蒸気機関車が生まれ、そのデモはロンドン市民を驚かせた（高圧といってもトレビシックは4気圧、後世の蒸気機関車でも10気圧強）。トレビシックは1803年には、数人乗りの馬車をベースとした蒸気自動車の設計も残しているが、具体化はしなかった(3-2)。小型化されたといってもエンジンは大きく、自動車として最初はバス用として登場した。

そもそもバス、つまり乗り合い馬車はいつできたのかを振り返ろう。発想したのはパスカルの原理を見出し、「人間は考える葦」と言った彼の天才ブレーズ・パスカル（Blaise Pascal）である。17世紀に入りパリの人口は50万人となり、人々の必要な移動距離も必要な移動箇所も多様化してきた。パスカルはこんな社会の大勢を捉え、乗り合い馬車を発想、ロアンネス公爵、クレナン司法長官など要人の協力を得、ルイ14世の許可により、世界初の公共交通機関として、8人乗り2頭立馬車を仕立て、1662年3月、華々しく開業した。しかし労働者や兵士は乗車禁止であったり、時間が厳格過ぎたり（懐中時計は16世紀に発明されてはいたが、そんなものを持っている人はごく限られていたに違いない）で、人気を失い、わずか5年で廃止されてしまった。それからなんと1世紀半の歳月が流れた1819年、同じパリでバスが再び復活したのである。銀行家であったジャック・ラフィト（Jacques Laffite、後ルイ・フィリップ王の大臣）は乗り合い馬車を作製、「Omnibuses」と名づけ、パリから郊外に路線を設けて非常な成功を収めた。官営事業が150年後の民営化で成功したのだ。その後1827年、スタニスラス・ボードリー（Stanislas Baudry）がナントの市中と郊外の温泉を結ぶ定時乗り合い馬車を「L'Omnibus」と名づけて運行し、その後パリとボルドーにも路線を設けた。しかし、1829年、強烈な寒波により道路は寸断されて馬車は走れず、馬の飼料は高騰に高騰を重ね、1830年に会社は倒産、彼は自殺してしまった。しかし、Omnibusという呼び方は以後世界標準となり、今日のバスとなるのである。語原はラテン語で「すべての人のために」という意味だという。労働者と兵士を差別した故事の反省から出た言葉だろうか？

さて、バスが眠っていた150年の間に、ベルサイユ宮殿を築き、バスとエンジンを残したルイ王朝（エンジンの発明もベルサイユ宮殿であった[3-1]）はフランス革命で潰え、そしてナポレオンの盛衰を刻んだ。そしてまたこの時期、産業革命という大きな変革が人類にもたらされることになる。その原点となったニューコメンエンジンとその進化が既述

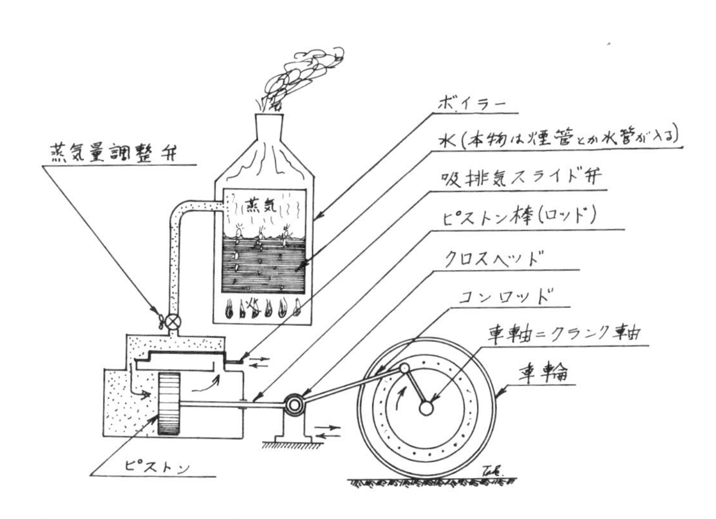


**図3-1：蒸気バスエンジンの原理**
蒸気機関車と全く同じである。
本物のボイラーは図のような単純な釜ではなく煙管とか水管が横あるいは縦に備えられ、水への伝熱を良くしている。

のように繋がるのである。

## 蒸気バスエンジンの原理は蒸気機関車と同じ

そして蒸気バスということになるが、最初の頃と記録されているのは1825年のイギリスのジュリアス・ゴールド・ヴァーズィ・ガーネィ（Julius Gold worthy Gurney）の大型バスである。そのエンジンと一体のシャシー部分がグラスゴー博物館に残されている。エンジンは水平に置かれた2シリンダーで、各々片側ずつの車輪を駆動するもので、車は16人乗り10k/hの速度であった。もうひとつ挙げられるのは、1821年のジュリアス・グリフィス（Julius Griffith）のバスで、これは人間の背丈ほどの車輪を備えた長大なシャシーフレームに、機関車と中型バスを乗せたような形の2軸車で、全長はその中型バスの2倍半ほどの巨大な車であった[3-2]。以降様々の形式、例えば蒸気機関車で牽引する箱型、エンジンを後端に置くいわゆるRR型、ミッドシップエンジン型などなどのバスが生まれた。図3-1に蒸気バスエンジンの原理を示す

**図3-2：トンプソンの蒸気バス（1871年）**[3-3]
スコットランドのエジンバラで作られた。蒸気動力車をトラクターとしたトレーラーバスではないのか？　とも思われるが、構造は不詳。また、1865年に定められた有名な赤旗法（自動車の走行時はその前方55mを、赤旗をもった人間が歩き通行人および馬車に注意させろという規則で、1896年まで続いた）のため、実際にはどのように使われたかも不詳である。

**図3-3：アメディー・ボレーの最後の蒸気バス（1885年／カンピーヌ城博物館）**
バンパー（と呼ぶのはおかしいが）に掛かっている2本のホース状の紐は曳革と説明されている。内容は不詳。このバス以後、彼はガソリンバスに転向した。

**図3-4：ベンツの最初のガソリンエンジン付きバス（1895年）**(3-3)
横型1シリンダー、5PSガソリンエンジン、ネテーナーバス会社(Netphener Omnibus－Gesellschaft）によりジーゲンードイツ間（Siegen－Deuz）を運行したとあるが、地域不明である。

が、蒸気機関車と同じである。図 3-2 はこれを載せたイギリスのトンプソンのバス（1871 年）で運転手とボイラーマン 2 人の乗務員である。燃料は石炭、コークス、木材などで火加減の制御は大変だったのではと想像される (3-3)。多用な形式はやがて RR 型に集約された。ルマン在住のアメデー- アーネスト・ボレー（Amédée-Ernest Bollée）は 1873 年（明治 6 年）に RR 方式のバスを製作したが、1875 年の L'Obéissante は 12 名の乗客を乗せ、平均時速 30km/h でパリ、ルマン間を 18 時間で走破。その間のトップスピードは 40km/h を記録した。2 基の V 型蒸気エンジンでそれぞれ動輪を駆動した。1878 年には累計 50 台のバスを販売した。カンピーヌ博物館に展示されているものはボレーが 1885 年に製作した蒸気バスである。彼は以後ガソリンエンジンバスに転向し、1923 年まで活躍した。なお、レオン・ボレーは彼の息子で、独立の自動車会社を経営し、1896年から1931年まで、ガソリン車を製造した（ガソリンエンジン付きバスは1895年のベンツが最初のようだ）。ネテン（Netphen）近郊の路線をネテーナーバス会社が運航した[3-4]。

さて、シューベルトの歌曲「冬の旅」に、郵便馬車が歌われている。ヨーロッパにはそういう馬車もあったんだと、恥ずかしながら認識したのであるが、郵便物を田舎の部落（アルプスの山中など）にまで運び届ける馬車である。1845年にスイスのベルンとレトリンゲンの間で走った郵便馬車を利用した観光旅行（つまり郵便馬車に同乗して観光を楽しむ）が始められたようだが、20世紀に入りガソリンバスにより本格的な（郵便とは無関係な）観光バスが発展した。郵便馬車は郵便バスとなり、今日でもその多くが実際に郵便とともに観光用として運行されている（エンジンはディーゼルエンジンとなったが）。

**図3-5：おっ！　郵便ラッパの音だ、僕のところに来る手紙に違いない！**
シューベルトの冬の旅、ヴィルヘルム・ミューラーの詩。

## 伯爵のヒューマニズムを感じるド・ディオン - ブートン

蒸気バスに先を越されたかに見える蒸気エンジンの乗用車を一瞥しよう。1869年頃には乗用車どころか蒸気バイクが出現していた。それは水タンクのサドルと木炭のボイラーを備えたものであった。有名なダイムラーの2輪車は1886年であるから17年も前である。乗用車としてはド・ディオン - ブートン（De Dion-Bouton）が1885年、後輪駆動の前2輪の3輪車を作った。さらに1988年には大型化し4人乗りとしたものを製作している。

ド・ディオン伯爵がブートンに作らせた車である。ド・ディオンは以降次々に名車を生んだが、技術者ブートンの名を車名として用い、ロゴとしてもラジエターグリルなどを飾った。その時代、ともに苦労した技術者を同格に並べた彼のヒューマニズムを感じないわけにはいかない。ところで、蒸気自動車はド・ディオン伯爵が音頭をとった有名なパリ～

**図3-6：シルベスター ロパー（Sylvester Roper）は約1869年にこの蒸気2輪車を製作した（スミソニアン博物館）**

下端に木炭箱を付けたボイラーを取り付け、後輪脇のエンジンでチェーンホィールを回して後輪に動力を伝える。サドルは水タンクである。煙突はサドルの後ろに突きだす。お尻も足も火傷しそうだ。

ボルドーの往復 1200km のレースでガソリン車に完敗、ド・ディオン - ブートンも含めガソリン自動車の世界となるのである。

さて日本では、なんと世界初のベンツのガソリンエンジン付きバスからわずか数年後の 1902 年（明治 35 年）頃、東京銀座の自転車商であった吉田真太郎が広島市内を走る 12 人乗りのバスを製作した。広島まで自走を果たしたが、タイヤが磨滅し動けなくなってしまったという。日露戦争以前であるから、世界的に見てもかなり早い時期である。

そもそも日本の自動車はどのように発達したのだろうか？　奈良時代、つまり 8 世紀に唐から牛車が伝えられ、平安時代（10 世紀頃）にかけて荷車とともに用いられた。室町時代には御所車も出現したが、江戸時代に入り、その発展は止まってしまった。八代将軍吉宗が 1721 年（享保 6 年）に発布した「新規法度の御触書」、つまり発明禁止令は、馬車のみならず日本の科学技術の発展を大きく遅らせた。馬車も乗り合い

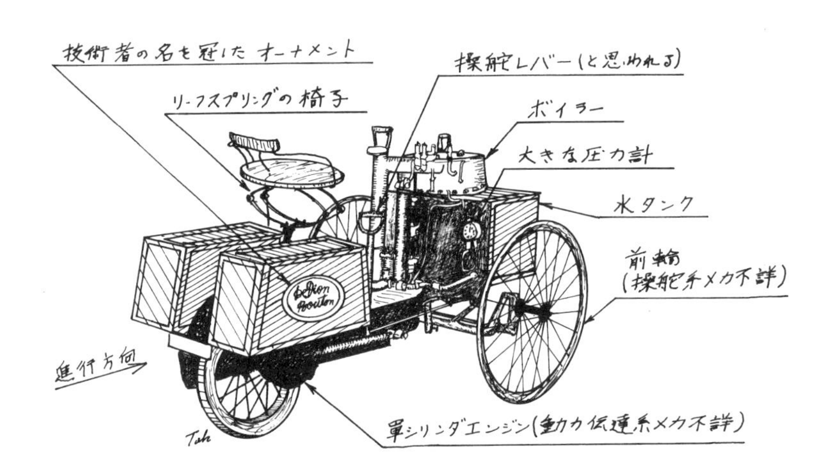


**図 3-7：ド・ディオン - ブートンの蒸気 3 輪車（1885 年／パリ工芸博物館）**
ボイラーは前 2 輪の間に置き、単シリンダエンジンは後 1 輪を駆動するが、動力伝達系の構造は不明であるが、それは綺麗なカバーで覆われていて見えない。
しかしボイラー、水タンク、エンジン機構を各ブロックとして纏めた、このデザインは秀逸である。レイモンド・ローウェイが Industrial Design 論を唱えた前の世紀に初めて出現した蒸気乗用車のデザインを彼が知ったら、なんと評価しただろうか？　ブートンの機械技術者としてのセンスを評価したい。
速度 40～45km/h。燃料はコークス、燃費はコークス 100 リッターで 50km、500m/L?、水 150L で 25～30 分走行。

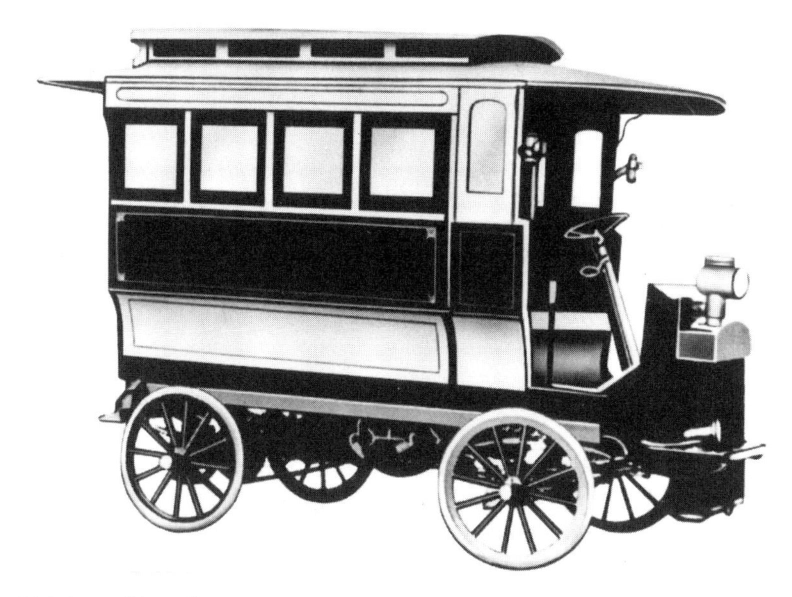

**図 3-8：日本初のガソリンエンジン付きバス（1902 年頃／日野自動車販売 30 年史）**
オートモビル商会の吉田真太郎はアメリカから持ち帰った水平 2 シリンダー18 馬力を利用し、12 人乗りバスを製作、注文主の広島まで自走を果たした。総欅作りのため重かったというが、外形は 1899 年のタトラの前身 Nesseldorfer Wagenbau-Fabrik-Gesellschaft 製の蒸気バスとそっくりである。吉田は渡米中バス製造も夢見ていたのかもしれない。

馬車もしたがって明治時代に入るまで日本にはなかったと思われる（しかし、発明禁止令は、余計なものに頼らず、謙虚に自然と調和して暮らせということで、後年の産業公害のみならず人格侵害などの負の作用を見ると共鳴できるところも多々ある）。

横浜の「みなとみらい線」に馬車道という駅があるが、これが日本の乗り合い馬車のかすかな名残である。1858 年（安政 5 年）日米通商修好条約（ハリス条約）が結ばれ外国人居留地が置かれ、日本人が初めて目にする馬車で、外人たちが往来したのがこの道だったという。1869 年（明治 2 年）、この道も利用した横浜～東京間の乗り合い馬車の営業をランガン商会が、すぐ後を追って成駒屋という会社が始めたが 1872 年（明治 5 年）の鉄道開通により廃業となっていた。

# 第4章

## ディーゼル乗用車の日本初
# アカデミックエンジン

### 内火艇に預けられていた赤子はトラックにも、乗用車にも乗った

舶用第20章で記述したように日本初の自動車用ディーゼルエンジンは池貝鉄工所で1931年（昭和6年）に製作され、海軍の内火艇に搭載して熟成がはかられた（舶用図20-1参照）。この4シリンダー60馬力4HSD10型は、今井武雄の設計で渦流室式を採用し、渦流室体積のチューニング中、体積の変更のために挿入した鉄片が燃料噴霧の着火に有効であったことから、燃焼室中に鋼球を付加し渦流畜熱式と称する独特のものであった。図4-1にディーゼルエンジンの燃焼室の種類を示すが、ひと頃は実例が百花繚乱の様相を呈した。今日では、しかし、ごく一部の小型ディーゼルに渦流室式が用いられているけれども、ほとんど直接噴射室式に淘汰されている。今井は、渦流室式の渦室の中に鋼球を入れたのだ。この4シリンダーは内火艇に搭載された2年後の1934年7月、アメリカ製ピアスアロー3トントラックに換装され、北は青森から南は松本、浜松にまたがる大規模の走行テストを行い、実用性を存分に確認した（奥多摩までの走行例では2トン積載で燃費6.85km/L）[4-1]。ピアスアローというメーカーは1901年から1938年まで乗用車を、1910年から1934年まではトラックも生産したが、1938年に会社は終わった。この間、第一次世界大戦時、そのトラックがヨーロッパで大量に使用された関係で日本にも来ていたのだろう。池貝は所属の専用輸送業者にあったものを借用したという。池貝はさらにフェデラル（Federal motor truck、1910～1959年）のシャシー部品を輸入し独自のトラックFT15型を製作したが、次に述べる乗用車と同じく軍用車の生産が優先されたため、それらのプロジェクトは実らなかった。

乗用車用ディーゼルエンジンとして池貝は1935年、6シリンダー

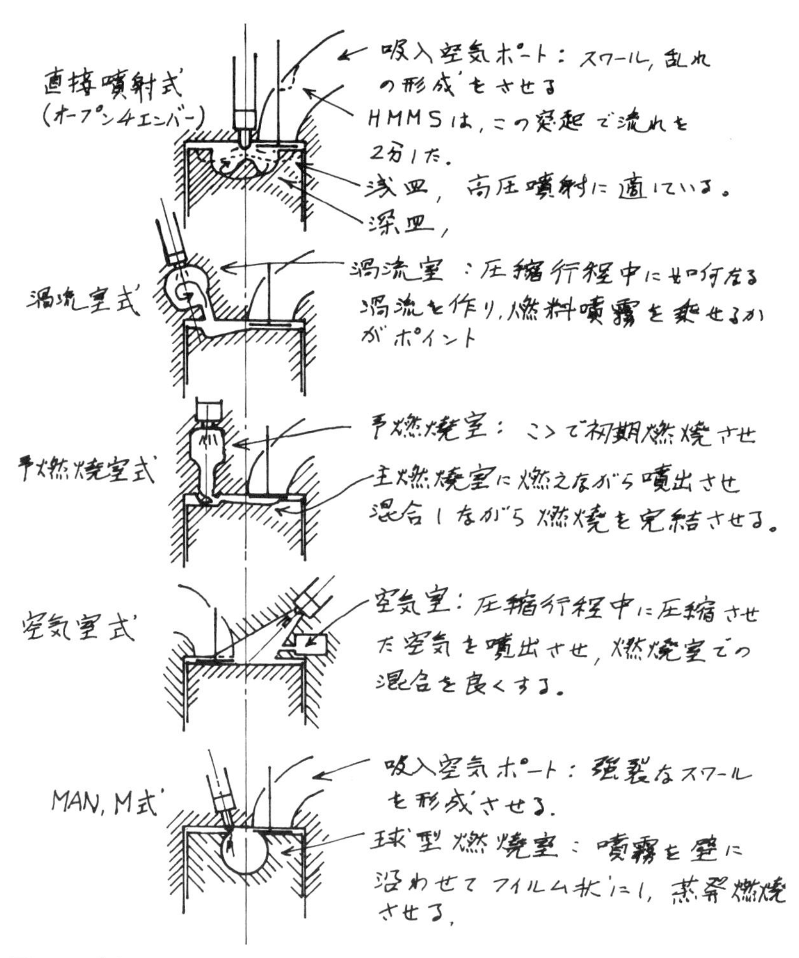


**図 4-1：各種のディーゼルエンジンの燃焼室**
1940 年代までは各社が良かれと思うものを採用し百花繚乱の態を呈した。現在はごく小型のものに渦流室式が存在するが、ほぼすべてが直接噴射式に淘汰された。

**図 4-2：池貝４シリンダー 4HSD10 型、60 馬力を搭載したピアスアロー3 トントラック（1934）**
（出典　筒井幸彦、平野宏資料）

**図 4-3：池貝 6 シリンダー6HSD10 型ディーゼルエンジン（1935 年）**
ボア×ストローク＝ 105mm × 120mm、90PS/2000rpm。

6HSD10 型を製作し、新規に購入した 1936 年型ビュイックに搭載して各種性能試験を平塚の海岸道路で行い、実用性を確認した。トラック用、乗用車用ともに我が国初のディーゼルエンジンの成功であった[4-1]。

ピアスアローは乗用車も製造していたが、池貝はピアスアロー乗用車ではなくビュイックに自分のエンジンを載せた。その経緯を述べよう[4-2]。

1933年、当時ディーゼルエンジンの泰斗、早稲田大学の渡部寅次郎教授の弟子であった関俊郎が教授の推薦で池貝に入社し、ただちに今井の傘下に入り上記乗用車ディーゼルの開発に専念して、成功をおさめた[4-2][4-3]。

しかし 1937 年に始まった日中戦争は次第に泥沼にはまり込み、池貝は軽装甲車（豆タンクと呼ばれた小型戦車）の生産を命じられ、この乗用車用ディーゼルエンジンは日の目を見ることはなかったのである。

次第に拡大する戦争のため池貝にはトラック以外の小型戦車の他、牽引車等の生産を専任させ、東京自動車にはディーゼルトラック、小型戦車、牽引車、兵員輸送車などの特殊車輌を生産させることになった。東京自動車とは石川島自動車（現いすゞ）と、ガス電（現日野自動車）などが1937年に合併してできた会社である。

そして、関敏郎は早稲田大学に戻り、後年同大学の内燃機関学の教授となり、多くの逸材を産業界に送ったのである。

**図 4-4：日本初のディーゼル乗用車（1939 年）**
池貝 6SD9 型ディーゼルエンジン搭載のビュイック 36 年型。（出典　高翔 1980 年創刊号）

# 第5章

## フランス陸軍が発想した
# 木炭自動車



### すべての日本の自動車は、もうもうと煙を吐く木炭自動車だった

1937年（昭和12年）に始まった中国との戦争は次第に拡大し、物資は徐々に欠乏してきた。やがてアメリカからのガソリン輸入も断たれ、すべての民間の自動車はいわゆる木炭自動車に替わった。いわば、軍部官僚の独断が亡国の引き金を引いてしまった年となったのだ。昔話ではない、今も日本はこの反省があるのかと時に疑問に思うのだが……。

とにかく、タクシーもバスもトラックもすべて木炭自動車か薪自動車に替わり、始動時は長い間、もうもうと煙を長引かせる風景があちこちに見られた。それは、ガソリンに替えて、木炭または薪を蒸し焼きにして可燃ガスを発生させ、そのガスを燃料とするからである。つまり、ガソリンエンジンを元来のガスエンジンとして使うのである。もともと液体燃料であるガソリンを気化器によってガス化したのが自動車用ガソリンエンジンであり、気化器に替わって燃料噴射ポンプで燃料を噴射微粒化して気化するようにしたのが今日の姿である。

液体燃料に替えて、石炭とかコークスの個体燃料を可搬式ガス発生炉でガス化するアイデアは1836年のサミュエル・ブラウン（Samuel Brown）にさかのぼる。しかし、それはエンジンの発明よりずっと前、すなわち、1875年のニコラウス・アウグスト・オットー（Nikolaus August Otto）の4ストロークサイクルのガスエンジンよりも、そして1860年の蒸気エンジンそのままの構造の、複動2ストロークサイクルのジャン＝ジョセフ・エティエンヌ・ルノワール（Jean-Joseph Étienne Lenoir）のガスエンジンよりも前であるから、ブラウンの目的はガス灯であったに違いない（ガス灯の発明は1799年のルボン）。

自動車用として可搬式のガス発生炉は、1901～1903年にパーカー兄

弟（J.W.&G.J. Parker）が作製したといわれる。しかし彼らの燃料は石炭かコークス（これらを燃料とするガスを producer gas という）であったと思われる。原料を薪ないし木炭に求めるものを木ガス（Wood Gas）というが、木ガス発生炉のパテントは 1920 年の同姓のパーカー（T H Parker）が取っている。そしてこの木ガス発生炉付きの自動車はどうやら 1919 年のジョージ・クリスチャン・ピーター・アンベール（George Christian Peter Imbert）が最初のようだ。彼はこの車で 500km を走破して気勢をあげた。ちょうど第一次世界大戦が終わった直後であった。これに飛びついたのがフランス陸軍である。フランス陸軍は大戦中、ガソリンの補給が絶え、まさに、心胆(しんたん)を寒からしめられており、ヨーロッパの豊かな森を見て、薪炭(しんたん)が燃料となれば良いなと思ったのかどうかは知らない。フランス陸軍はこの木ガス炉付きのベルリエ CBA 型大砲牽引トラックを、さらにフランス・サウラー5AD 型トラックを製造した。そして、この木炭自動車に真っ先に飛びついたのが日本陸軍であった。日本はその頃、ソ連（現ロシア）の急速な増強に神経をとがらせていた。つまり日露戦争後の 1929 年（昭和 4 年）に、ソ連は

**図 5-1：フランス、サウラー5AD 薪ガス炉トラック（1926 年／ルノー社　ベルリエ博物館）**

（左）：車輌全体、なぜか右ハンドルである。
（右）：薪ガス炉搭載部。

中国と協同経営していた中東路鉄道（マンチューリ～ハルピン～ウラジオストック）の経営権の紛争（中東路事件）で、スターリンの指導のもと中国に侵攻して大勝し、ソ連の影響が強くなっていた。日本陸軍は当然中国東北部における戦争とその際の燃料補給を意識していたに違いない。ただちにフランスからガスエンジン付き自動車を購入調査し、国産化をガス電などに命じた。1928年、ガス電はこれに応え、陸路、鉄路両路兼用GP型牽引車を製造した(5-1)。図5-2にカット断面で表わした薪ガス炉を同車に搭載した状態で描いた。その原理を見よう。木ガスに

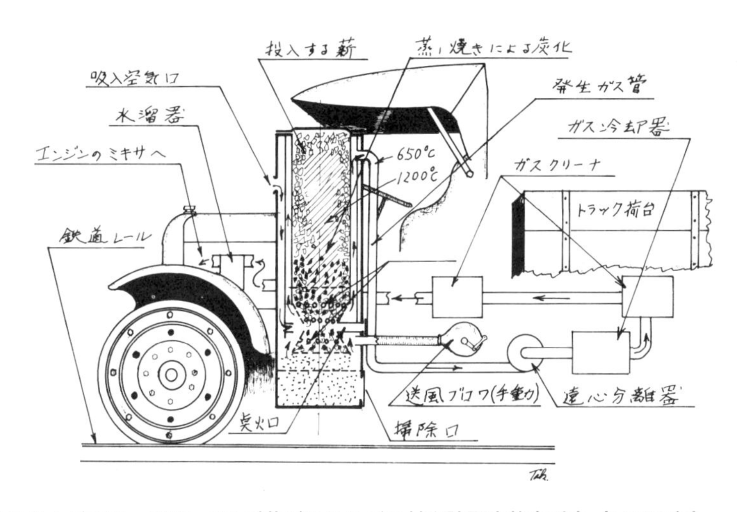


**図5-2：ガス電、TGE、GP型薪ガスエンジン付き陸軍広軌牽引車（1928年）**
広軌鉄路と陸路両用である。広軌用とは明らかに満州（中国東北部）用である。図は鉄路用の状態であるが、陸路の場合は鉄輪にソリッドタイヤを嵌めこむ。
ガス炉は陸軍と協同で開発した。技術的にはガス電の益田申（後日野自動車専務）および柘植盛男（後九州大学教授）が開発した陸式と称するものと思われるが、内容不詳であるので、一般的な構造を示した(5-2)。
導入された空気は炉内に入れられた薪の上部から入り、下部の点火によって加熱され熱分解して$CO_2$、$H_2O$、COおよび$H_2$を発生し、薪は炭（C）になる。
Cは$CO_2+C \rightarrow 2CO$、$H_2O+C \rightarrow CO+H_2$
の反応でCOと$H_2$を発生し、灰となる。熱分解過程でのガスの最高温度は約1000℃以上となるが排出時は約650℃となる。
木炭ガス発生炉の作動は、薪ガス炉で炭ができた以降の反応である。ただし炭だけでは上記の反応からわかるように$H_2O$が足りないので給水の必要がある。
運転は点火口から何らかの火だねを投入、点火し、送風ブロワーで風を送る。手動でブロワーハンドルを懸命に回すとガス炉からもうもうと煙が出て、反応が順調に始まれば煙が収まってくるので上部の蓋を閉める。

は、薪ガスと木炭ガスとがあり、木ガス炉にはしたがって薪ガス発生炉と木炭ガス発生炉とがある。ともにそれぞれの原料を蒸し焼きにして出てきたガス（一酸化炭素、水素など）を利用するものであるが、薪ガスの場合は薪を蒸し焼きにした木炭をさらに連続して蒸し焼きにするもので、それゆえ木炭ガス炉は薪ガス炉の前半の工程を省略したものに外ならない[5-2]。ガス電の車は当然原点である薪ガス炉である。

薪ガス発生炉の場合、薪の層は燃焼により熱分解し、順次木炭に変化して落下し（木炭ガス発生炉の場合はこの炭化部がないので、炉の大きさは小さくなる）、連続的に燃焼部に供給され不完全燃焼ガスを生成する。このガスを燃料とするのである。

この図 5-2 は車輌全体のガス発生炉のシステムを示してある。実際のシステムは車輌構造の各部にまたがり、複雑であるので図はその原理だけを抜き出して示してある。

送風ブロワーで空気を送って（通常は人力）点火、燃焼が始まりガスが発生するが、順調に燃えだす間、もうもうたる煙をまき散らすのであ

**図 5-3：動けなくなるバス**
1940 年頃には坂道で動けなくなったバスを良く見かけた。こんな状態で、アメリカと戦争を始めたのである！

る。この間約30分を要する。出てきたガスの不純物を遠心分離器で除くが、発生炉中で反応温度は1000℃以上になり、反応終了後も650℃ほどであるので冷却しさらに洗浄し、エンジンに装着したガスミキサーで、ガスと空気との体積比を可燃混合比の1.5〜2.0に調量した混合気をエンジンに吸入させるのである(5-2)(5-3)。

もうもうたる煙が収まり、車は漸く動くのであるが、今度は坂道で動かなくなる。出力が足りないのである。同じエンジンで、ガソリンの混合気と木ガスの混合気とでなぜこんな差が出るのか？　ひとつには延々とトラックをひと巡りされる吸気管の抵抗によるものであるが、熱力学的にも出力が足りなくなるのである。

このあたりの説明はいささかややこしいので、技術的説明として節を分けた別項に預けよう。

**図5-4：ドイツ、アドラー社〔後Heinrich Kleyer A.G.〕の薪自動車（1941年／ドイツ博物館）**
同じ頃石油の欠乏に悩むドイツもこんな自動車が走っていた。炉の大きさ、配管の仰山さから見て、おそらく薪ガス炉と思える（ケルンのアンバー社〈Imbert Generatoren Gmbh〉製）。
ガスクリーナーはリヤーに、フロント側にクーラーとガスコンテナーを置いた。
40km走るごとに木材を補給、そこで再び点火始動を必要とするのが難点だったと説明されている。6シリンダー2916cc、出力26kW（36PS）（ガソリンの場合、44kW〈60PS〉）、燃費45kg/100km（ガソリンの場合、18L/100km）トヨタ博物館で戦時中のビュイック木炭車を復元チェックした結果では出力は約半分、燃費は約50kg/80〜100kmとのことである。

さて、この時代（1935～1945年）、木炭自動車は日本では1942年までに10万台（それ以降は戦況が逼迫し不詳）、フランスで11万台、ドイツは35万台、ソ連（ロシア）で10万台の生産を数えた。いわばこのバイオマス燃料車は一世を風靡したといえるのである。アメリカを除く世界が石油危機だったのだ。そのアメリカも占領地の燃料不足で、GMCの軍用車に木ガス炉を装着させていたのである。

ところで、木炭自動車はれっきとしたバイオ燃料車である。周知のようにバイオ燃料は今日$CO_2$対策とし花形である。木炭自動車は再考されないのだろうか？　バイオ燃料に対する今日の技術状況を一瞥（いちべつ）しよう。

## バイオマス燃料の選択技術

かつて、10年間ほどの間、列強の国々で数十万台におよんだ木炭自動車は今や影も形もない。点火後30分、もうもうと煙を吐き、動き出したら坂道を登れない車は実用には遠く、いわばこの壮大な国際的テストは失敗だったといわざるを得ない。なぜか？

いうなれば、ひとつには、ガス化プラントを全部の車に1基ずつ装着したようなもので、エネルギー供給システムとしての評価検討がなされていなかったきらいがある。

さらにガス化した燃料をガスエンジンに供給するアイデアの評価検討はいかがだったのか？　たまたま出てきたいろんなガスの混合体を無意識に燃やしてみたということである。

今日、バイオマスは液体燃料（メタノール）として供給されている。ただ燃焼特性とか発熱量とかの関係から現在の燃料（ガソリン、ジェット燃料）と混合して用いられているのが、現状である。

ウィスコンシン大学のデイヴ・フォスター名誉教授（Dave Foster Phil and Jean Meyers Professor Emeritus）はバイオ燃料の最適化に対し、次のように述べている。

「バイオ燃料をどのような形にするかは、幅広い知見から検討して候補案を選び」、次に「それらに適するエンジンとその燃焼形態を選び」、

「その組み合わせのテストを行い」、「そのテスト結果を最適化した燃料候補にフィードバックしながらBest Way を選択すべき」と。ここで「幅広い知見とは熱力学的、科学的あるいは光合成までも含めた検討である」とのことであった[5-5]。

いうなれば、これが史上最大の実験ミスの再発防止策ではないだろうか？

今日、エンジンに課せられた大きな命題は低$CO_2$、つまり熱効率の向上に繋がる低温燃焼システムでその研究は各所で強力に推進されているのが現状である。

## 技術的説明（効率、出力）の補足

熱分解とは熱作用によって化合物が分解することをいう。薪の成分は熱分解により$CO_2$、$H_2O$、COおよび$H_2$を発生するが、それらは原料（薪、木炭）の落下の過程で酸素が消費され$CO_2$は炭化し、COとCとなりCOが残る。また$H_2O$はCと反応してCOと$H_2$とになる。したがって燃料成分としては、木の種類によって異なるが、一酸化炭素（CO）が約20%、水素（$H_2$）が約10〜18%。これに水（$H_2O$）さらに若干のメタンガス（$CH_4$）なども含まれる。これらのいくつかのガスの混合気を燃料とするわけである

次になぜ出力が出ないのかを調べよう。

まず理論熱効率を考えよう。

火花点火エンジン（ガソリンエンジン）は理論的にオットーサイクルで動く。オットーサイクルの理論効率は圧縮比が高いほど、比熱比が大きいほど向上する。比熱とは、ある単位量の気体に熱を加えるとき、一定の温度に上がるために必要な熱量の大きさを比熱（厳密には水1kgを1K高める場合との比較値）というが、これは一定の圧力の場合（定圧比熱）と一定の容積（定容比熱）の場合とで異なる。この異なる比熱の比を比熱比という。これが大きいほど効率は良く、小さいほど効率は落ちる。

凡才は「へぇー！　そんなことが良くわかったもんだ」と思うが、そ

んなことの原点を初めて考えたのはカルノーという天才だ。1824年、まだガソリンエンジンが発明される前、28歳のときにこの考え、つまり効率の基本となるカルノーの原理を発表し、その後いろいろな秀才がそんな効率の式をまとめたのである。カルノーは残念ながら36歳で早世してしまった。

そこで、木ガスエンジンは？　というと圧縮比は同じか、むしろ高い。しかし比熱比が小さくなるのである。木ガスには上記のように一酸化炭素（CO）とか水（$H_2O$）とかメタンガス（$CH_4$）とかいろいろな成分が混じる。それらのガスの成分は単純なひとつの原子からなる成分ではなく、いくつかの種類の原子が集まってできる分子のガスである。このようなガスの分子を多原子分子というが、このような成分が多い木ガスの比熱比は小さくなり、効率は低下してしまうのである。

理論的には空気をベースにし、比熱が変化しないガスを仮定し、これを完全ガスというが、完全ガスの場合、比熱比は1.4で木ガスの場合は約1.3となる。わずかな差に見えるが効率は比熱比の冪関数（べきかんすう）であるので、圧縮比が7:1の場合これで効率は約18%低下する。もちろん、実際のガソリンエンジンでも、比熱比は1.4より小さくなるが、小さくなり方が大きいということである(5-4)。また、木ガス混合気の発熱量はガソリン混合気の62〜75%であるので、その出力はガソリンエンジンの50〜60%になってしまう。ただし木ガスのオクタン価は約120と高いので、ぎりぎり圧縮比を上げ最適化を図っても、80%程度がやっとといわれている。さらに既述のように延々とはり巡らされたパイプとかクーラーとか清浄器の抵抗などで、出力はもっと削がれるのでる。

# 第6章

## 放浪の果て親に巡り会えたが、再び放浪の旅に消えた
## ヒノサムライのエンジン



### プロジェクト（システム）の失敗

1961年（昭和36年）、日野自動車は同社で初めての乗用車コンテッサ900を発売した。それは同社が1953年に技術提携により国産化したルノー4CVを範としたものであったが、共通部品は一切なく全く独自のものであった。

コンテッサ発売の2年後の1963年、第1回日本グランプリレースが、その前年ホンダにより建設されたばかりの鈴鹿サーキットで開催された。日本初の本格的自動車レースで、経験者はほとんどおらず、出場ドライバーのための講習会が事前にあったほどであった。日野自動車の首脳陣も、そんな子供遊びのようなものは自販（自動車販売会社。販売部門は別会社であった）に任しておけ、という程度の認識であった。任された自販は、まずドライバーを105マイルクラブという、いわばスピード同好会に委託した。それは塩澤進午が主導する時速100マイル以上のスピード経験者、または100マイル以上のスピードの車所有者というのが入会条件のクラブで、後日コンテッサや後述のGTプロトなどに数々の勝利をもたらした立原義次、山口喜三夫など錚々たる猛者を擁していた。

さて、鈴鹿のレースには、開発部門からは村野欽吾係長ひとりが参加した。義理で出張したようなものだ。ところが蓋を開けてみたらコンテッサ900は予想外の好成績で、ツーリングカー（セダン部門）で優勝、そのままでスポーツカー部門に参加してみたら準優勝を果たしてしまったのだ。曲線の多いコースでのコーナリング性能と立ち上がりの加速性能が優れていたのである。これは家本潔専務（当時）指示による日本初のトレーリングアーム（後軸から前方に伸ばして取り付けたアーム）式

**図 6-1：コンテッサ 900**
コーナリングで強力なライバル、ドイツの DKW（デー・カー・ベー）を追い抜いて、一気に優勝に走った。ドライバーは立原義次。

リヤーサスペンションの採用によるコンプライアンスステア（アームの角度変化に伴う実舵角の変化）の効果と、トルク形に仕上げたエンジン特性の成果であった[6-1]。

翌年は第 2 回日本グランプリが行われたが、もともとレースにはそれほど興味を示さず、しかも第 1 回の楽勝に酔ってほとんど何もしないまま臨んだ日野は、今度は全くの惨敗を喫した。他社はレース結果が極めて有効な宣伝になることを認識し、全力を投入していたのである。今度は実験部門からは何人かが参加したものの、設計部門から唯一参加した村野係長はしょんぼり帰って来た。ただ慰みは、コンテッサのエンジンと機構部品を利用した塩澤設計のフォーミュラジュニアが日本での初めてのフォーミュラレースを飾ってくれたことであった。

ようやくレースというものを認識した日野は起死回生を期し、第 3 回グランプリには GT プロト車（2 人乗りグラウンドツーリングの試作車としてレース仕様の車）で勝負しようということで、新たにレース専任の部（第３研究部と称したプロジェクトチーム）を作り推進した。しかしチームリーダーとなった部長はレースの素人、レース車のデザイナーも素人、エンジンはアルピーヌ社に丸投げの外注であった。エンジンの設計部門からただひとり参加したＴ君が 1965 年の秋（第３回グランプリは 1966 年と決まっていた）、今度これを作るんですと持ってきたアルピーヌの設計図を見て私は仰天した。幾何学的に単に TOHC（ツインオーバヘッドカム）にしただけの代物でとても必要高出力は見込めない。「これは駄目だ、あんたが設計しろ」と言ったのだが、どうやらこの意見は無視されたようだった。

1965 年の 11 月、突然レース会議に呼びだされたが、その席で発言したこの駄目エンジン論は、第３研究部長を激怒させ大波乱を招いた。波乱の犯人は会議場から退出させられた。

会議の結果は、第３研究部は解散し、GT プロト全体の設計をライン業務で実施することとなった。つまりやり直しとなったのである。

この事件は典型的なプロジェクトシステムの失敗例である。プロジェクトだからといって殻の中に閉じこもり、特権的な考えではいけない。大いに流通を良くし、ライン部隊の力もポテンシャルも活用するようなフレキシブルな活動でなければならない。それには、リーダーの人格もフレキシビリティも重要である。丸投げ委託は最悪のケースである。要求仕様もそれに対する委託先との折衝も議論もはっきりせず、ただ名声に頼ったきらいがある。逸品を目指すなら、名声をへし折るくらいの議論は必須である。

## 激怒のトバッチリで生まれた新エンジン

その会議場から戻ってきた部長は、「やり直しの新エンジンの設計はお前がやれということになった。大至急とりかかれ」と命じた。今からではとても 1966 年５月の出場には間に合わないと言ったのだが、とにかく大至急という結論である。「やるっきゃない」と腹をくくった。

やり直しエンジンの細部設計にはＴ君をあてにしていたのだが、リーダーと確執があったか否かは知らないけれどもホンダに去ってしまっていた。たまたま途中入職してきたN君を見込み、彼に設計を委ね、でき上がったのがYE28と称したエンジンである。人物の選択は幸いにして当たったのである。

図6-2（a）にその外観と図6-2（b）に横断面図を示す。どうせなら、まっさらのレースエンジンをやりたかったのはやまやまであったが、火急ということで、当時すでに完成していたコンテッサ1300エンジンをベースとし、シリンダブロック、クランクシャフト、コンロッドはそのまま流用した。開発途中、コンロッドの変形によるベアリングの焼損を起こし、コンロッドのベアリングキャップをオリジナルの斜め割りから直角割りに変更した（図のコンロッドはオリジナルの斜め割り）。この新コンロッドは設計から製作完了まで一晩でできた。協力会社の工場も含め、全部署が協力してくれたのである。

結局5月のグランプリにはGTプロトは間に合わず、同年8月14日

**図6-2（a）：YE28エンジン**

コンテッサ1300エンジンのクランクシャフト、シリンダブロックを流用、ツインカム、ツインキャブレタ、ツインデストリビュータ、ツインキャブレタ、ツインプラグとした。キャブレタはイタリアのウエーバツインホーンである。

の全日本ドライバース選手権大会に出場することとなったが、チューニング実験はまだ途中であった。が、そのまま車載され出場した。しかし幸運に恵まれて総合3位で、クラス優勝（1300cc 以下）を果たした。総合1位はポルシェ・カレラ、2位はフォード・コブラであった。幸運というのは、あとでわかったことだが気温 27℃以上ではスカベンジングポンプの容量不足で気泡が混じったオイルを汲み上げ切れず、クランクシャフトがオイルを叩くという全くの初歩的設計ミスを犯していたのだが、その日は 27℃を切っていたのだ。この失敗は前例を学ぼうとせずまた学べなかった失敗であった（図 6-2（b）および図 6-4 参照）。

その翌月、つまり 1966 年 9 月、日野はトヨタ自動車と業務提携し、乗用車製造からはレース活動も含め全面撤退となったのである。オイルポンプを始め未だ心残りは多々山積していたが、逆らうすべもなく飛び込んできた中型トラックエンジンの新設計の命令に従ったのである。

正門からスクラップ場に誰に別れを告げるでもなく、黙って運び出される GT プロト車を、たまたま目にした。それは、ちょうど太平洋戦争の終戦時に山と積まれて火を掛けられた日本の飛行機の光景と二重映しで、脳裏からずっと離れなかった。

### 無念に、そして寂しく日本を去ったヒノサムライ

話は遡るが、YE28 の設計を大車輪で仕上げ、試作部門に設計図を流し、ほっとした瞬間、部長から呼ばれた。明日からアメリカに行け、と言うのだ。仰天して問うと「今度カリフォルニアの BRE（ブロック・レーシング・エンタ―プライズ）のピーター・ブロックという男とアメリカにおけるコンテッサのレース契約を結んだ。すでにコンテッサ 1300 クーペが 3 台先方に渡っている。すぐ走ることになるそうだから急遽渡米して手伝だってこい」

「そうだ、おまえひとりだ、いつまでかは行って様子を見なければわからん」「何をやるかは自分で考えろ」との御託宣。

カルフォルニアでは、リバーサイドとかラグナセカとかいくつもレースサーキットがあるが、日曜日ごとにそこに出場して 1 週間の間に不具

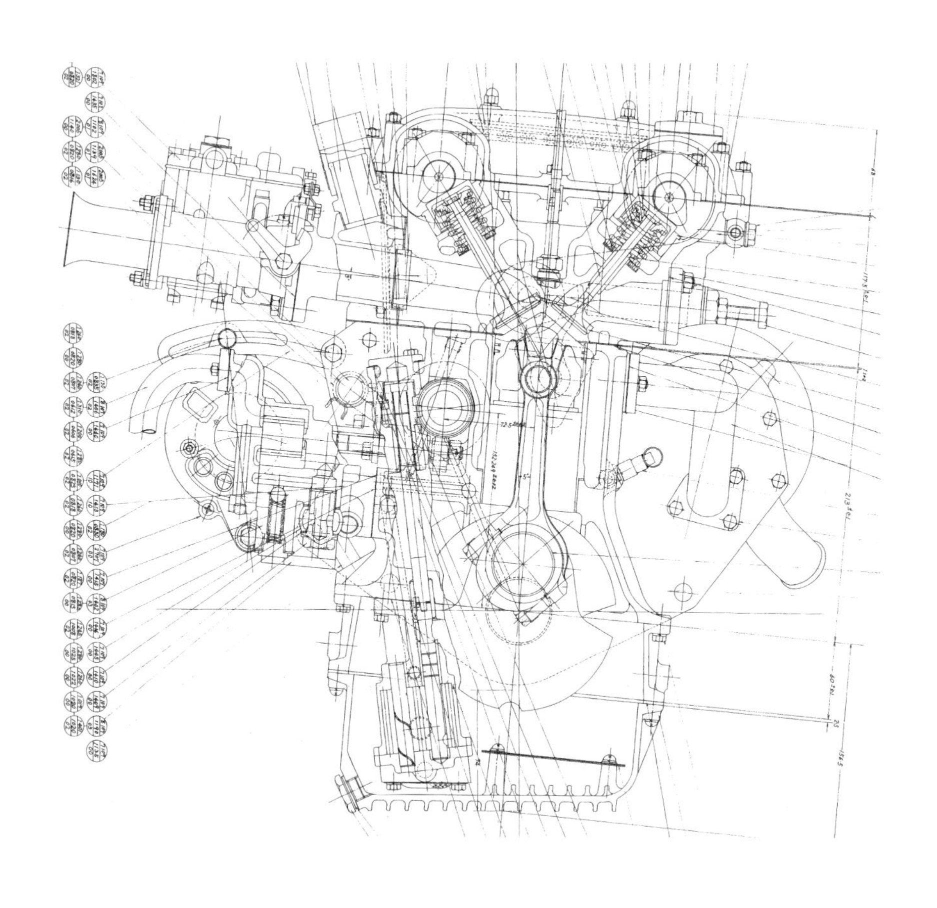

合とかチューニング不足とかを補い、次の日曜日に試すのだ。日曜の朝は3時にはピーターに「ヘーイ！　タック（筆者の名前をもじったあだ名）起きろ」とダンハム（一緒に居住したドライバーのロバート・ダンハム）とともにたたき起こされる、寝る暇もない。

そんな中、日野からもたらされるGTプロトの情報にピーターは俄然興味を示し、特にYE28エンジンの内容を聞くにおよんで、これを搭載

**図 6-2（b）：YE28 エンジン横断面図**

エンジンを横から一刀両断して見た図を横断面図という。中央の太い棒がコンロッドで、上端（小端部）がペントルーフ（屋根）型のピストンに、下端（大端部）がクランクシャフトに繋がっている。

エンジンの上部に 2 本のカムシャフトと、それによって駆動される吸気と排気のバルブがあるが、駆動部はロッカーアームのないダイレクトアタック（直打）式である。当時としては典型的なレース用燃焼室であった。

クランクケースは量産エンジンのままで、下部にラダーを噛ませて剛性を上げ、下端にマグネシウム製サンプを取り付けた。左側に上下に斜めに走る長い軸がオイルポンプの軸で、下端にスカベンジングポンプを取り付けた。それは、各部の潤滑を終えて下部のサンプ（オイルパン）に落ちてきたオイルを吸入して、別置き（車体側）のオイルタンクに戻してやる役目をする。

軸の上部に、ごちゃごちゃと左にはみ出て付いているのがフィードポンプで、これはオイルタンクからオイルをエンジンの各摺動部に供給する。普通のオイルパンでは、レースとか戦車とかの急激な運動でオイルが片寄り、吸入ができなくなるので、オイルパンを薄くしてこのようなドライサンプ方式にするのである。本来ならば図 6-4 のようにすべきであったのであるが、YE28 の場合はコンテッサの量産エンジンを利用したための苦肉の設計で、長いポンプ軸の駆動は量産車のカム軸の位置にその駆動軸を設けた。

スカベンジングポンプの吐出量はフィードポンプの 2 倍以上というのが常識であったことも知らず、YE28 は 1.3 倍で富士サーキットでは容量不足を露呈した。火急という命令にかまけて調べもできなかった失敗であった。

しかしアメリカ本土でのレースからは問題は聞こえてこず、航空用の発泡防止特性の良いオイルであったのか、レース場が富士のような高地ではなかったのか詳細は不明である。

現在のレースエンジン用ポンプでは単に潤滑機能だけにとどまらず、クランクケース内の圧力変動によるロスをなくすための、圧力変動制御機構まで付加した高機能のものになっているが詳細は不詳である。

した車の設計を開始したのだ。これがヒノサムライの受胎告知である。

私は 6 月に帰国、ただちに YE28 の実験に没入、その傍らサムライのフロントガラスの設計図を持って「アサヒガラス」に行き製造依頼をしたりしたが既述のように乗用車撤退となったのである。ピーターからは嬉々としてサムライの製作状況を知らせてきたが、なんとも複雑な心境であった。

そして 1967 年 5 月、第 4 回グランプリにピーターは、日野として駄目なら個人参加ということでサムライを携えて来日し、日野にやって来

**図 6-3：**ヒノプロトはポルシェ、フェアレディさらにベレットを尻目に走り抜いた写真はヒノプロトの独走であるが、このレースは混走であるので前に大排気量のポルシェ・カレラおよびフォード・コブラが 1、2 位を占めていた。

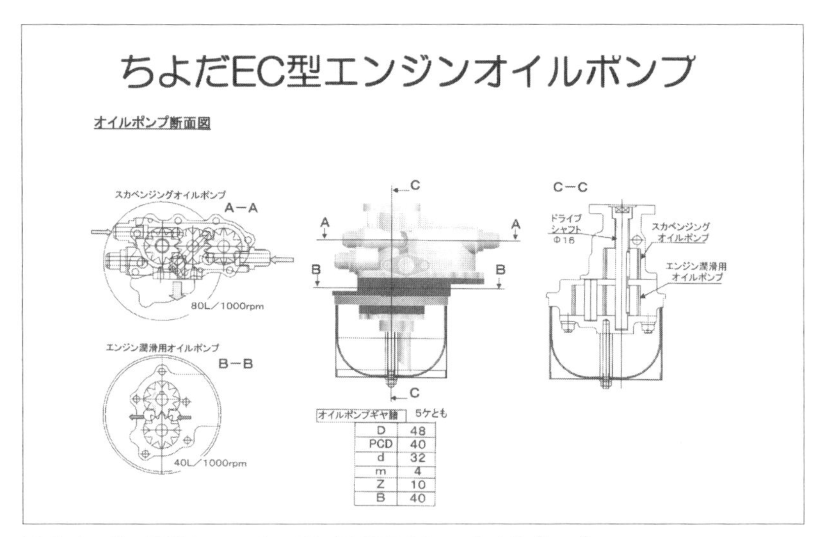


| オイルポンプギヤ諸元 | 5ケとも |
|---|---|
| D | 48 |
| PCD | 40 |
| d | 32 |
| m | 4 |
| Z | 10 |
| B | 40 |

**図 6-4：ガス電戦車エンジン EC（1937 年）のオイルポンプ**
日野は戦争中戦車も開発生産しており、戦車エンジンはドライサンプであった。しかし敗戦時一切の書類は焼却処分され資料は全くなかった。2001 年、偶然に東京学芸大学の古い倉庫からガス電製戦車エンジン EC 型が発見された。1937 年の製造であったが、これを分解調査した結果、コンパクトに設計された図に示すオイルポンプの内容がわかった。オイルパンは 2 層で、落ちてきた使用済みのオイルは 2 階で受け止め、スカベンジングポンプでオイルタンクに送り返し、オイルタンクからのオイルは 1 階のフィードポンプでエンジン各部に送る構造である。スカベンジングポンプの吐出量はフィードポンプ（エンジン潤滑用）の 2 倍である。

**図 6-5：ヒノサムライ（1967 年 5 月）**
オイルパンの破損を緊急修理し車検場に向かうヒノサムライ、ドライバーはピーター・ブロック。判定は吉と出るか、凶と出るか。

た。YE28 エンジンはすでにスクラップされており、彼はコンテッサクーペのエンジンを自分でチューンアップしたものをサムライに搭載していた。乗用車から撤退した日野はもはや無関係なのだ！　この来日はコンテッサで優勝を果たしてくれた英雄の凱旋でもあるのに、役員は誰ひとり迎えにも出ず、彼は BRE のジェフと 2 人だけで富士スピードウェイに出かけて行ったのである。

ところがオイルパンを損傷してしまったという情報が入ってきた。かつて寝食をともにしたレース仲間の危機を黙って見ておれるか！　私は変装（したつもりは見破られてしまったが）し、助っ人を伴って富士のピットにもぐり込んだのだ。

しかし、結局ヒノサムライは地上高不足という判定で出場は叶わず、彼は空しく、そして寂しく帰国した。

私の脳裏には再び第二次世界大戦の撤退部隊の状景が二重写しで推移

したのである。サムライは第三者に売られてしまったという情報がどこからともなく伝わってきていた。

### 「サムライは生きていた」その声に私は飛んだ、そして会った！

1986年、ロスアンジェルスからの突然の連絡に私は仰天した。日産のレースカーに携わり、空力（空気力学、最近のレースカーは空力の固まりといわれ、これが車輌設計の根幹となる）の専門家である鈴鹿美隆氏からであった。

「サムライが今、私のガレージにありますがご覧になりますか？」と言うのだ。いわずもがな！　私はカリフォルニアに飛んだ。そして駈けつけた。

だが、あの深紅の３ナンバーはなかった。ピーターは自分のサムライ

**図6-6：再会したヒノサムライ（1986年）**
懐かしいサムライの、深紅の③ナンバーの伊達姿はそこにはなかった。やつれ、やせ衰え、顔色も悪い老武士の姿がそこにあった。絆創膏を貼ったままの痛々しいボディー、さらに殴られた痕もあるではないか！　リヤボンネットを開けて、私はただただ絶句した。スクラップにされたはずの、黙って正門から墓場に向かったはずの、あのYE28が微笑んで待っていてくれたのだ。

が日野の GT プロトの 3 番手になることで、あの恰好いい③を選んだのだろう。しかし、目の前にあるのは、それに代わり、やつれ、やせ衰え、顔色もさえない老武士の姿だった。絆創膏を貼ったボディーは痛々しかった。

リヤボンネットを開けた。私は仰天した。あの YE28 が、スクラップにされたはずの、あの YE28 が、なんとやつれもせず昔のままの姿で、微笑んでいるではないか！　私は問うた、「一体お前（YE28）はどこを放浪していたのだ？」

## ロン・ビアンキにより動弁系、吸気系のチューンナップを受け全米のレースを制していた YE28

放浪の旅はピーターも空白があったようだが、最終的にはピーターがロン・ビアンキ（Ron Bianchi）から買い戻し、日産のレースに関係していた鈴鹿美隆氏のガレージにおさまっていたのだ。日野がレースから撤退後、ピーターはトヨタと折衝を試みたがまとまらず、日産と契約、日産を優勝に導いていたからである。

推定ではあるが、スクラップ場に持ち込まれる途次、恐らく日本でもコンテッサを駆ってレースをしていたロバート・ダンハムが何らかの伝手で YE28 を入手し、アメリカに持ち込んだのだろう。一方ピーターから手放されたサムライに本来の計画通り YE28 を搭載したのは今もって誰かはわからないが、ビアンキにサムライを売ったコンペチター（名前不明）かも知れない。

ビアンキはサムライを付属部品と 4 台分のエンジン部品とともにそのコンペチターから購入した。彼はエンジン、トランスミッションさらにサスペンションもすべて再チューニングしたのだ。

このサムライで、ビアンキはレースに 5 年間にわたって出場し「C」スポーツレースで 3 回優勝した（リバーサイドで 1 回、ルイジアナで 2 回）。混走を含めたトップ 5 には 5 年間で 54 回も入った。そして車は売ったが、エンジンはデチューンのエンジンを付けて売った（ということは 4 台分の部品から新たに組み上げたのだろうか？　それならチューンアップしたエンジンは売らないで残してあるのだろうか？)。
最後に彼は YE28 をこう評価した。
「丈夫なエンジンだ、もし日野がレース活動を再開したらホンダと同じような強豪となったであろう」と。

そしてサムライはピーターの手を再び離れ、放浪の旅に出たのである。今、どこをさまよっているのだろうか？
宮本武蔵のように決闘を繰り返しているという噂も聞こえてこない。YE28 を背負って、もう一度深紅の③ナンバーを印した伊達姿に会いたいぞ。

# 第7章

## お役人のひとことが生んだ世界初
# 高圧コモンレール燃料噴射システム

### コモンレールとは

　コモンレールを字の通りにいえば共通の棒で、その燃料噴射ポンプとは共通の棒の中に加圧した燃料を貯め、その棒から各シリンダに燃料を分け与える方式で実は古くから存在していた。図7-1にディーゼルエンジンの歴史をイベントごとに示す。1897年（明治30年）、ルドルフ・ディーゼル（Rudolf Diesel）は圧縮空気を用いて燃料をシリンダ内に噴射し運転に成功した。1910年にイギリスのヴィッカース社のジェームズ・マケッチニー（James MaKechnie）が燃料噴射圧を上げること

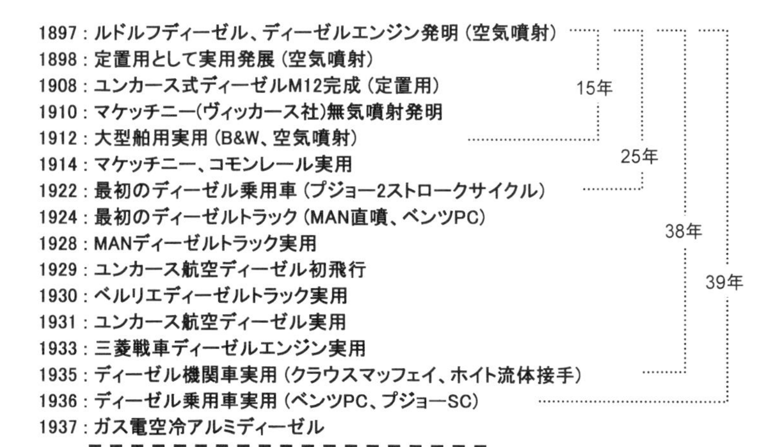


**図7-1：ディーゼルエンジンの歴史**
イギリスのヴィッカース社のマケッチニーは1910年に、ルドルフ・ディーゼルの空気噴射を脱し、現在に至る無気噴射を発明、続いて1914年にはコモンレール方式を発明した。

で空気コンプレッサを必要としない無気噴射方式（現在の方式）を発明、続いて4年後の1914年にコモンレール方式を発明した。いずれも同社の潜水艦に用いられた。ヴィッカース社はイギリスの総合兵器メーカーで潜水艦も建造していたが、潜水艦のディーゼルエンジンは潜水時用のバッテリーが使えるので、始動用には空気コンプレッサは不用で余計だったのである。図7-2にマケッチニーのコモンレール噴射ポンプを示すが、現在の電子制御ではなく機械式制御である。マケッチニーの発明後コモンレールは広く普及したが、1936年ボッシュがコモンレールを脱し、ポンプ自体にもガバナを備え、素人でも運転できる燃料噴射ポンプを開発、世界初のディーゼル乗用車メルセデスベンツ260Dに搭載された[(7-1)]。一方アメリカではGMのケタリングが自分の持っていたクーパーベッセマーのコモンレール付きエンジンを高圧噴射のユニットインジェクタに替えてテストを始め、1937年、デトロイト71シリーズを完成した。燃料噴射圧力は210MPaであった。ボッシュとGMの台頭

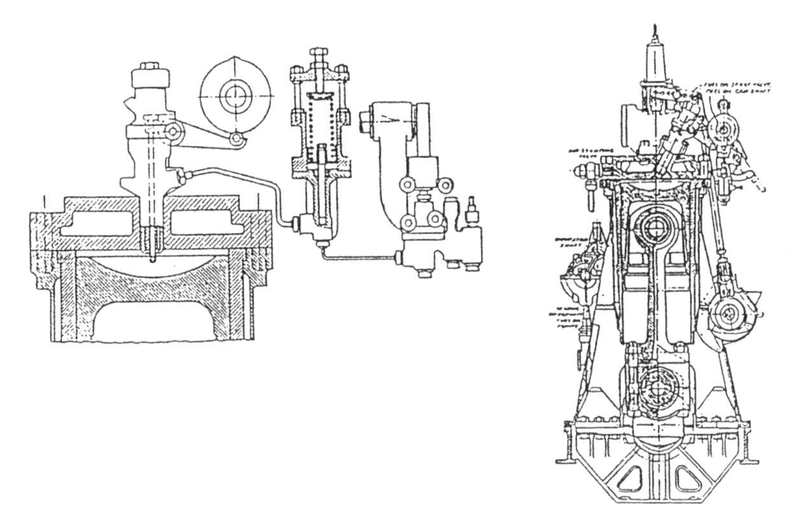

**図7-2：マケッチニーのコモンレールシステム（1914年）**
（MTZ、Shell Lexikon、MTZ、ATZ、Folge 42、Heft 1、1994）
左側にシステム図があるが、噴射ノズルがメカニカルに開閉されることがわかる。しかし中央のコモンレールおよび右のサプライポンプの構造はよくわからない。圧力は350bar（気圧）程度といわれている。
現在のコモンレールはただの棒で燃料噴射パイプの他は圧力センサーが付くだけの簡単な構造ではあるが3000barにも耐えリークもない。

でコモンレール方式は息を断つことになる。そのコモンレールが1996年、電子制御という輝かしい衣をまとって登場し、今や世界を席巻してしまったのである。その舞台裏をのぞこう。

## 4トントラックでなければ運べないコモンレール噴射ポンプ

1985年（昭和60年）、日本政府は基盤技術研究促進センター（特別認可法人）を発足させ、その資金の援助で、宇宙、電子、バイオなど幅広い分野の先端科学技術の研究会社を設立し、その推進を図った。1987年通産省（現経済産業省）は難しいといわれているディーゼルエンジンの燃焼問題を主体とした研究会社の設立を業界に示唆した。当時通産省自動車課長N氏の提案であった。これを受けて自動車工業会のシナリオは、ディーゼル4社（三菱、日産ディーゼル〈現UD〉、いすゞ、日野）と燃料噴射ポンプメーカー2社（ゼクセル〈現ボッシュ〉、デンソー）他から研究員を派遣して「新燃焼システム研究所（ACE）」を設立し、6年間を期限とし成果を得ようというものであった。

当時、私自身はまだ蚊帳の外で、この動きは非常に結構なことではあるが、ライバルどうしの優秀な研究員をまとめることは大変なことだな、などと思っていた。まさか、そのまとめ役に指名されるとは思いもよらず、あれよあれよと思う間にことは運ばれ、研究所は日本自動車研究所（JARI）の一角と決められ、1988年2月13日には新会社設立総会で社長となってしまった。さらに3月早々には有名な三菱の開東閣で設立披露パーティが、官庁、関連学会など総勢100名以上の要人を集めて開かれ、社長方針演説を述べよということになってしまった。

基本方針として次世代のディーゼル燃焼のコンセプトを得ることとし、方策として高圧燃料噴射と排気後処理の2本立てとする、6年間で筋道の方向付けを得たいと挨拶した。燃料噴射圧力は3000気圧を目指し、後処理としては触媒を活用し、燃料中の成分からアンモニアを抽出、これによって$NO_X$を処理しようとするアイデアの実現を目指すとした。

ざわめきが起こった。そんな話は自工会との打ち合わせでは聞いてい

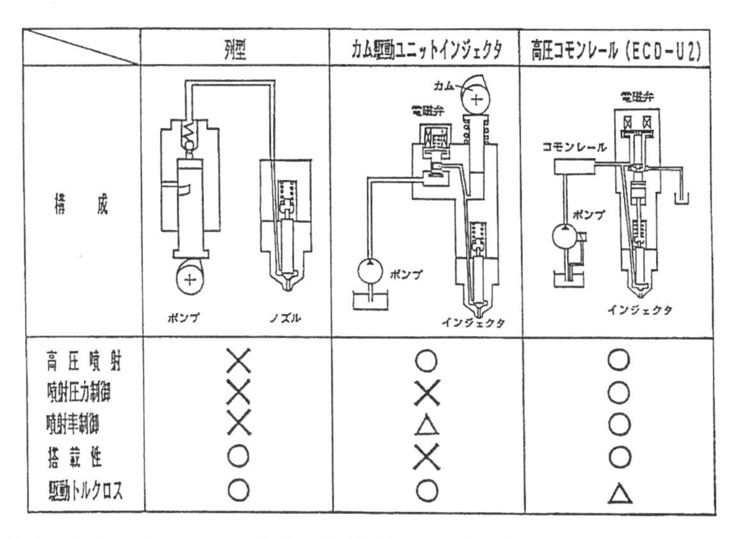

| | 列型 | カム駆動ユニットインジェクタ | 高圧コモンレール（ECD−U2） |
|---|---|---|---|
| 構　成 | ポンプ　ノズル | カム　電磁弁　ポンプ　インジェクタ | 電磁弁　コモンレール　ポンプ　インジェクタ |
| 高圧噴射 | × | ○ | ○ |
| 噴射圧力制御 | × | × | ○ |
| 噴射率制御 | × | △ | ○ |
| 搭載性 | ○ | × | ○ |
| 駆動トルクロス | ○ | ○ | △ |

**図 7-3：当時のデンソーの提案書。燃料噴射システムの比較**
燃料噴射圧力は上げれば上げるほど性能は向上した。
200MPa（2000 気圧）までは確実に向上するが、目標を 300MPa としてデンソー（株）に問うた結果である。

ないというのだ。信任された社長としての方針です、と私はポーカーフェイスで応えていた。当時の燃焼噴射圧力はしだいに高圧化してはいたものの、600 気圧が普通であり、一方アンモニアによる触媒は大型の発電装置などでは用いられてはいたが、車輛用は無理というのが常識でどこの会社もやっているはずはなかった。こういう研究なら誰もが会社のしがらみにとらわれず没頭でき、一丸となれる。

実は日野自動車では高圧噴射も触媒の研究もかなり進んでいたのである。高圧噴射はデンソーと組んで、まずは欧米では普及していたユニットインジェクタと、さらにデンソーの提案でコモンレールも検討しようとしていた。研究の秘匿呼称として前者を U1、後者を U2 とし、高圧化の研究に挑んでいたのである。図 7-3 に当時のデンソーの提案書を示す。そして実験は噴射圧力、1000 気圧までをすでに実施、高速度写真で燃焼状態を観察していた。エンジンの燃焼室を下からのぞき、燃焼室全体を観察するもので、これは世界で初めてのもので海外には発表していた[(7-3)(7-4)]。

海外の反応も含め、研究は世界に先行していると自負していた。しかし協力会社も合わせ、かなりの高圧燃焼の実験を一社でやるとなると膨大な研究となることが見えていたので、この新会社設立はまさに願ってもないことではないか！　と思い、チャンスとばかり大ボラを吹きあげたのである。一方、触媒の研究は東京工業大学の秋鹿研一教授のご指導で、媒体としてはアンモニアがベストとのことで、燃料の軽油から触媒によってアンモニアを生成してNOを退治し、さらに副産物として出てくるCOをエンジンに噴射するという触媒エンジンなるものを、日野の掛川俊明が発明していた。

そしてACEとしては研究設備の調達とともに対策部品の調達で、まずはゼクセルの荻野英夫専務とデンソーの藤沢英也専務に直々に目的を伝え、研究用超高圧燃料噴射ポンプの製作を依頼した。ともに大学の同窓であったことは幸運であった。早速デンソーが送ってきたのは、なんと4トントラックでなければ運べないような巨大なポンプであった。藤沢さんは、これならどんな要求でもこなせますと涼しい顔で応えた。聞

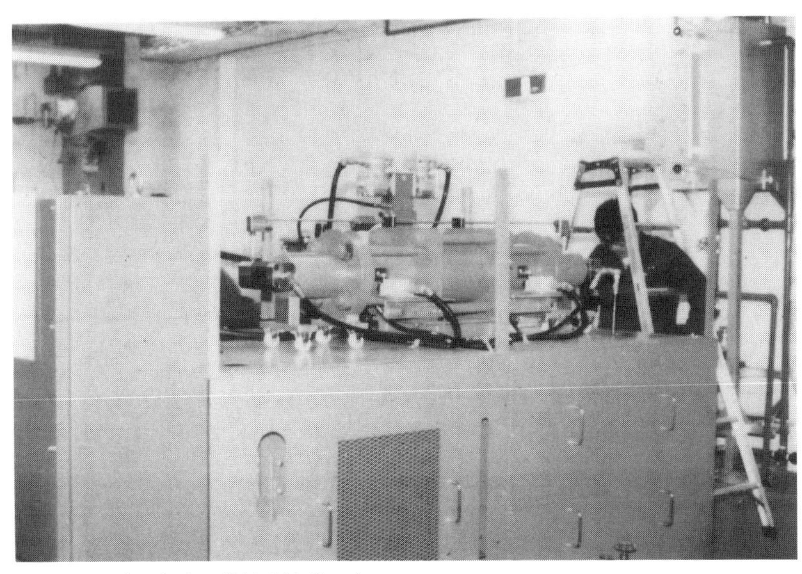

**図 7-4：研究用超高圧燃料噴射ポンプ**
デンソーが送ってきたのは4トントラックでなければ運べないほどの巨大ポンプだった。

けば高圧液体切削用のスギノマシーンを改造したもので、コモンレール研究を密かに暗示していた。

一方のゼクセルのものも小型トラックでなければ運べない、これはユニットインジェクタのお化けではあった。

## 世界の頭脳を結集できたコモンレール

ACEの研究員の意識を徹底してもらうために、事前に日野に来てもらい、燃焼高速写真撮影設備も各社からの派遣研究員全員に見せていた。当然、日野の技術を見せてしまってもいいのかという批判も聞こえたが、このようないわば突出した技術研究は、大勢の目で曲がらないように監視しながら育てる方が無駄道は避けられるということを経験していた。

課題を追求する上で必要なことは、その方向が間違っていないか？あるいはこういうこともあるよという評価と知見の拡大が求められる。このためにまず出資会社を中心とする技術評価委員会と、アカデミアの参画を求めた研究評価委員会を発足させた。特に後者は国内の有力大学の他、海外の大学にも声をかけ、来日時には参画してもらった。ウィスコンシン大学のオットー・ウエハラ（Otto Uyehara）教授にはACEから発行する論文集にも寄稿してもらっていたが、その中で燃焼が燃料

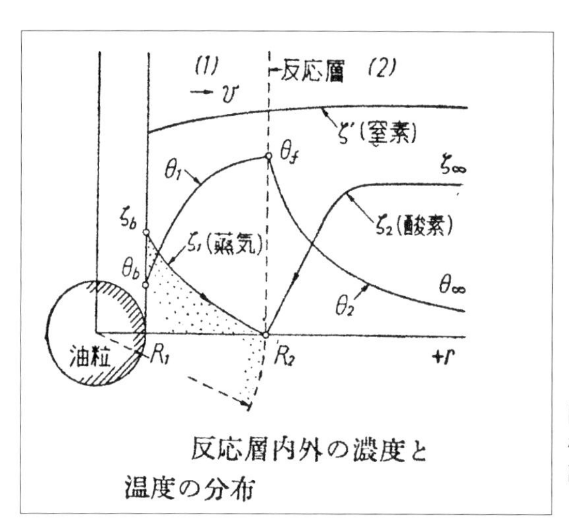


**図 7-5：液的の燃焼** (7-6)
横軸が液滴の中心からの距離、縦軸が燃焼の局所温度と反応成分の濃度。

**図 7-6：触媒エンジンの実車テスト（1990 年頃）**
まずは還元触媒の耐久性が調べられた。

粒子であるかぎり、その蒸発時に極めて高い温度を経過しなければならず、したがってそこでの NO の発生は避けられないことは意識しておいていいという論説があった[7-5]。ウエハラ教授は実験結果の実例で示されていたが、なんと、30 年以上前の 1956 年に東北大学の棚沢泰教授が理論的に全く同じことを示していたことを後で知り、浅学を思い知らされることとなった。図 7-5 にその理論結果のグラフを示す[7-6]。

デンソーとボッシュの協力のおかげで高圧噴射はディーゼルパーティキュレートの低減に画期的な効果があることがわかり、また一方の触媒エンジンの研究では触媒自体の研究の傍らで、アンモニア自体の触媒効果を実車を用いて実施した。この結果アンモニアのリーク対策としての触媒の設置が必須であることなどがわかった。

かくて 1995 年世界初の電子制御式高圧コモンレール噴射ポンプ付きディーゼルエンジン J08C、8 リッター、215 馬力（158kW）エンジンの完成となったのだ。図 7-7 にそのカットエンジンを、図 7-8 にコモンレール燃料噴射ポンプのシステム図を示す[7-7]。

現在後処理として尿素水噴射によってNOを退治する方法が一般化したが、ACEの触媒エンジンの研究もいわばこの先駆けのひとつであった。

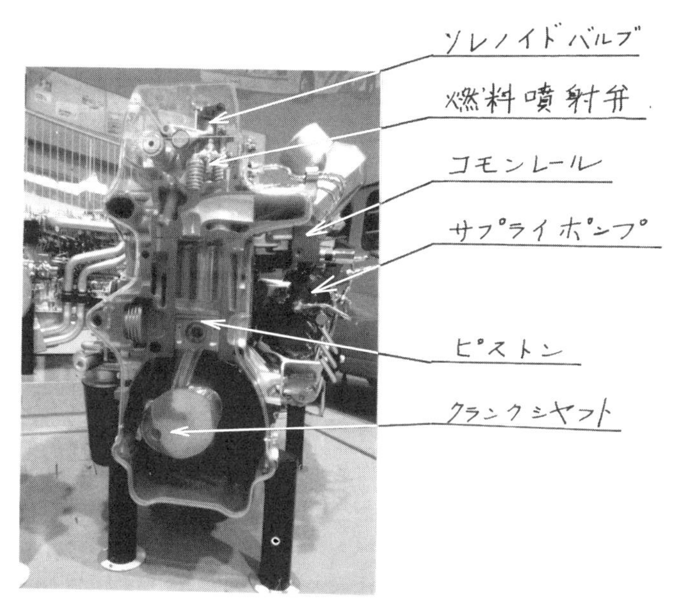


図 7-7：世界初の電子制御式高圧コモンレール噴射ポンプ付きディーゼルエンジン J08C、8 リッター、215 馬力（158kW）エンジンのカットエンジン (7-7)

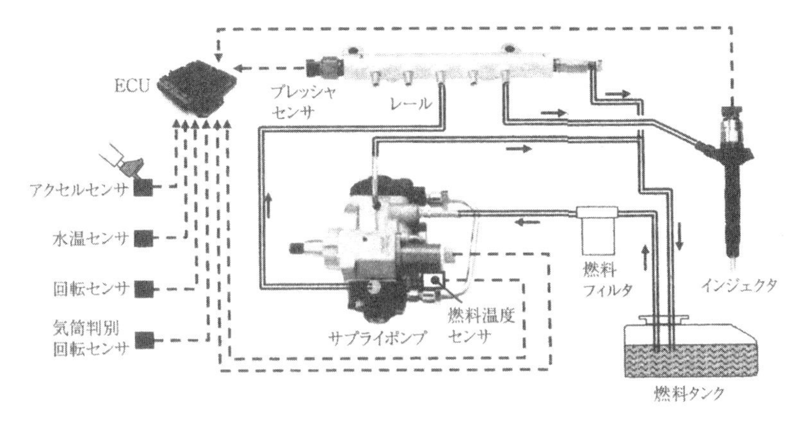


図 7-8：コモンレール燃焼噴射ポンプのシステム図 (7-7)

# 第8章

## 創業から終焉まで空冷で押し通した
# フランクリン

### 空冷エンジン付き自動車の金字塔

かつて1500台ものコレクションを誇ったハラー自動車博物館は今や幻の伝説となって、現存の博物館は1／5の規模になってしまっている。その幻の大コレクション時代に幸運にも足を運べた際、ずらりと年代順に展示されていたフランクリンの列はまさに圧巻であった。フラン

**図8-1：1902年の最初のフランクリン ランナバウト（Los Angeles History & Industry Museum）**
ハラー博物館での先頭車は1903年型であったが、1902年の空冷フランクリンの第1号はこのランナバウトである。設計製作は同社をフランクリンとともに興したウィルキンソンである。ハラー博物館の1903年型との相違はヘッドライトがフロントステップの脇に移動していることだけに見える。さすがのハラーも、この1号車が入手できず、さぞ心残りであったろう。
空冷、4シリンダー、ボア×ストローク＝82.6mm × 82.6mm、1.8リッター、10馬力。

**図 8-2：1934 年の最後のフランクリン 17B クラブ ブロウム（Club Brougham）**
いたずらに高級多列エンジン化に走り、空冷の良さを失い空冷没落のシンボルとなってしまった。ハーバート・フランクリンの渋面が目に浮かぶ。運命か？　宿命か？

クリンという車の存在は断片的には知ってはいたものの、1903 年（明治 36 年）の 4 シリンダーの車を先頭に、最後の生産車 1934 年の 150 馬力 V12 エンジン搭載のクーペまで、頑なに空冷に固執して次々と想を改め、それを成就した空前絶後の足跡は、強烈な威光を発し、人を留めさずにはおかなかった。

ハーバート H. フランクリン（Herbert H. Franklin）はジョン・ウィルキンソン（John Wilkinson）が持ち込んできた簡潔な空冷エンジン付き自動車に深い感銘を受け、その事業化を図り、彼とともにこの金字塔を打ち立てたのだ。ウィルキンソンは副社長となり、1902 年の初号車以降 1925 年のフランクリン、シリーズ 10-C までを主導した。

その中の 1 台、1918 年型シリーズ 9 の 4 人乗りロードスターが、なんとトヨタ博物館で 2012 年から復元作業中であることを知った。そして 2014 年の初め、図らずも同館の杉浦孝彦館長（当時）および川島信行氏が日野オートプラザに来訪され、フランクリンの詳細について多くの教示をいただくことができたのである。

復元中のフランクリンはかつて早稲田大学の渡部寅次郎教授の愛車であった。同教授の退任後、早稲田大学から神田にあった交通博物館に移管されていたが、その後、トヨタ博物館に寄贈され、同館の収蔵庫に置かれていたのである。渡部寅次郎教授は内燃機関学の泰斗で、1918 年、同学に熱工学（今日の環境エネルギー工学）研究グループを創設した。その研究は同教授門下の関敏郎、齊藤孟、大聖泰弘、山中旭、草加仁教授等錚々たる教授陣に受け継がれ、今日、日本の同研究の中核となって存在感を放っている。第 4 章に述べた、関教授による日本初のディーゼル乗用車用エンジンもこの流れの中の成果である。

さて、フランクリンの歴史を金字塔といったが、空冷エンジンは当時から水冷全盛の中で少数派であったからで、今日でも空冷エンジンは小型のバイクなどを除いてほとんど見られなくなっている。この中で会社存続の 1934 年までの 32 年間、成功裡に空冷を貫いた秘訣を探ろう。当初乗り心地、軽量を謳った特徴を維持するため、全楕円リーフスプリ

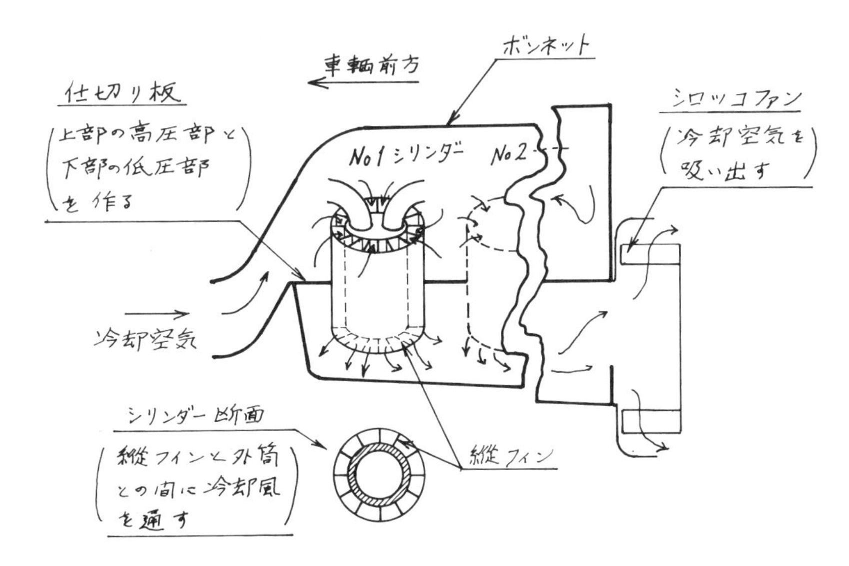


**図 8-3：フランクリン（ルノー形ボンネット車）の空気冷却系統図**
ボンネットは密閉式で中央水平置きの仕切り板により前端下部から吸入された冷却空気はすべてシリンダーを冷却した後でなければ排出されない。

**図 8-4：ボンネットを開けて水平置きの仕切り板の上下を見る**
仕切り板の上に大きく吸入空気マニホールドがあるが、その裏に上下に貫くプッシュロッドパイプとディストリビューターからのコードが見える。その仕切り板を貫くそれぞれの穴は、空気が漏れないように丁寧にシールされている。ここに入って来た空気は、シリンダーを冷却しなくてはどこからも逃げられない。

ングのサスペンション、木製フレーム、軽合金車体など車輌側の工夫もさることながら、冷却空気流れの工夫は注目に値する (8-1)。復元中の1918年型、シリーズ9（通称ルノー型ボンネットという）の空気流れの原理図を図8-3に示す。ボンネットに流入された空気は否が応でも仕切り板で仕切られた上部に導かれたあと、シリンダー冷却を行って下部に入りシロッコファンにより排出される。つまり、すべての空気は必ずシリンダーの外周を通りその熱を奪った後でないと外部には流れ出られない。この思想はプッシュロッド用および点火栓コード（ハイテンションコード）用の穴までシールする徹底ぶりである。まさに大きなイノベーションに他ならない。その後、エンジン出力の増加とともにブロワーは吸い出し型から押し込み型に変更されたが、頭部から吹き下ろす基本構想は不変で、全天候形を誇った。

ただし、名車100選には選ばれたもののV12エンジン搭載車の最後のシリーズ17は経営的には成功とはいえず、むしろ会社倒産への誘導者となった感がある。どだいこの企画は当時ウィルキンソンの後任の副社長エドウィン・マックエウェン（Edwin McEwen）の決定であったが、それは高級車、パッカード、リンカーン、ピアスアローなどに交じ

**図 8-5: フランクリンは全天候型を誇った**
真夏でもオーバーヒートせず、往々にしてオーバーヒートで冷却水を噴き出す水冷式を尻目に走り抜けた。もちろん冬の冷却水凍結の心配はないのだ。

って、いわゆる多シリンダーレース（Multi-cylinder race）に参入してしまったからとも思われる。すなわち、エンジンはスーパーチャージャー付きとなり、車輛重量は、仕上げ見栄えのためのパテ塗り（鉛を使った）とか、ダブルハイリヤーアクスル（Double High rear axle?)、144インチ（3660mm）のホイールベースなどで重くなり、全楕円リーフスプリングに替えて、コンベンショナルなセミ楕円型の採用を余儀なくされてしまった。こんなことで空冷の軽量、軽快さは失われ、乗り心地、操縦性も悪化、加えてライバルの高級車に伍しては見劣りする結果となってしまったからである(8-2)。

## 空冷エンジンの事始めは？

さて、ここで空冷エンジンの世界を一瞥しよう。そもそも、蒸気エンジンに替わってシリンダーの中で爆発させる内燃機関ができてみると、必然的に冷却の必要性が生じ、1860 年の世界初の内燃機関、ルノアールエンジンも水冷式を採用していた。世界初のガソリンエンジンは

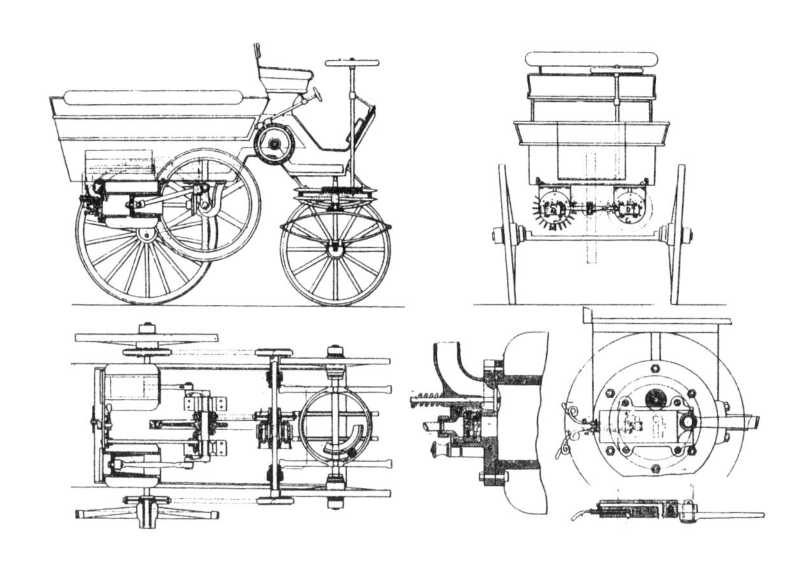

**図 8-6：ドラマール・ドビュビルの空冷エンジン（1884 年）**[8-3]
この図ではエンジンの構造はよくわからないが、縦形冷却フィン付きのシリンダーであることはわかる。

1886 年のダイムラーおよびベンツといわれており、これらも水冷である。しかし、フランスの自動車工業会が世界初と主張する 1884 年のドラマール・ドビュビル（Delamare.Doboutvile）のガソリン車は空冷で、どうやらこれが空冷の事始めのようである[8-3]。

話を日本の場合に移すと、1920 年代にはゴルハム、アレスなど小型車には見られたが、少数派に過ぎなかった。しかし、戦闘車輌用としては空冷が好まれた。1929 年（昭和 4 年）、日本陸軍は最初の国産戦車を 89 式中型戦車として制式化したが、これをまずディーゼルエンジンと決めた。国産化の参考としてイギリスから購入したヴィッカース戦車は試験中、ガソリンエンジンのキャブレターからのバックファイヤー（燃焼火炎が吸気管に逆流する現象）で洩れたガソリンが引火し、火災を起こしてしまっていた。このため陸軍は、戦闘車輌はすべて火災のおそれのないディーゼルエンジンとし、さらに水源の乏しい大平原での戦を配慮し、空冷と決めたのである。空冷化の参考としたのがフランクリンで、冷却ファンは必然的にフランクリンと同じシロッコファン（円弧翼を円筒状に配したファンの商品名）となった。一方、第二次世界大戦中、ソ連のT34戦車に対峙したドイツのティーゲル戦車（両方とも水冷）は火力も装甲もソ連のT34と互角に戦えたが、ガソリンエンジンのため航続距離不足で、ドイツが東部戦線でソ連に屈したのは、ディーゼルエンジンがなかったからといえる。日本軍のディーゼルの選択は先見の明ともいえるが、たまたまの「当たり」であったとして良い。しかし、空冷化に際しシロッコファンの配置不良がたたってバルキーとなり、さらに戦車用エンジンとして必須条件の軽量化の配慮がなされておらず、戦車用としては失格エンジンとみなされる。T34用は軽量コンパクトな水冷アルミ航空ディーゼルエンジンの派生であったのだ。

さて、フランクリンの成功の陰で空冷に手を出したのが、高級車の名門マーモンと多種車型の先駆といえるGMである。ハワード・マーモ

**図8-7：ノックス1903年のエンジン（Automobilo-rama）**
2シリンダー、ボア×ストローク＝127mm × 203mm、10馬力、5.14リッター。5人乗りシリンダー外周を覆うハリネズミの針のような棒は長さ5cmのパイプで、これを1760本ねじ込み、これで空気冷却面積を4倍以上にした。ノックスはこの設計で1909年までがんばった。

ン（Howard Marmon）はフランクリンと同じ1901年に第1号車の製造を始めたが、それはV型2シリンダー水冷エンジンであった。そして1903年の第2号車から空冷V型4シリンダーを採用した。ボンネットはフランクリンと同じくDの字を横倒しにした金網グリルのボンネットであるが、8枚ブレードのシュラウド（空気ガイド）付き軸流ファン（普通のクーリングファン）を前面に、エンジン後部にはファン付きフライホイールを配し、1907年まで生産、さらに1908年にはV8型としたが、この年にはなんと水冷のV8型も併行生産している[8-4]。そして1909年からはすべて普通の水冷の列型エンジンとなった。このあたりの経緯、理由の記録は見当たらない。

次章に述べるが、一方のGMは空冷で大きく躓いた。この時代、少数派の空冷の中で、いささか奇想天外な方式で目を引くのがノックス（Knox）である。シリンダーの外周にパイプをハリネズミのようにねじ込んだ大きなボア径のエンジンを採用、通常の冷却フィンに比して、その面積は4.5倍になり、空冷といわず「Water less、無水エンジン」と称した。1902年に発売し1909年までがんばったが、そこで消えた。

**図8-8：1902年型ノックス**

5人乗りである。エンジンは前後方向にシリンダーを置いて、床下全面を陣取っている。

# 第9章

## 偉大な技術者の躓き
# ケタリングと本田宗一郎

### ケタリングの場合

マーモンもノックスも大出力化とともに空冷から自然と身を引き、水冷に帰着したのだが、GMはチャールズF・ケタリング（Charles F. Kettering）の指揮で、いきなり空冷の世界に飛び込んできた。多分にフランクリンの成功に影響されたかに見える。GMは、1923年（大正12年）、革新的空冷新技術、カッパークールドエンジン（銅冷却エンジン）と称してシボレーのシリーズMに搭載、大々的に宣伝し発売を開始した。それは銅製のU字型の冷却フィンを鋳鉄製シリンダーに鋳込み、これにより冷却性が向上し、同クラスの水冷エンジンを上回る出力が得られたと謳った。

ケタリングとはGMのみならず、世界の自動車技術を先導したともいえる偉大な技術者である。最初の功績は、周知のように誰も考えなかったモーターをエンジンに取り付けることを試み、これによりエンジン

図9-1：カッパークールドエンジン（左）とその搭載車シボレーMシリーズ クーペ（右）（ハラー博物館）

の始動を容易にできるようにしたことである。ドライバーは手回しの危険なクランキングから解放され、ちょうど増え始めた女性ドライバーにも絶賛された。その彼が作り上げた画期的な空冷エンジンが市場に出て、そしてそれが100台ほどになった頃、文句が聞こえ始めたのである。この車、ノッキングがひどく乗っちゃいられないというのだ。これを無視して運転を続けると、各部の変形により潤滑油が漏れ出し、火災の危険すらあると指摘された。ノッキングとはその意味の通りコンコンと鉄扉を叩くような鋭い音を発する異常燃焼のことで、現在では技術の進歩によりまず聞くことができないが、当時では間々発生し、エンジンを破壊することもあり、飛行機では墜落事故も起こしていた。

通常の燃焼は、点火された位置から火炎が広がり順次伝播して燃焼室全体に行きわたるのであるが、燃焼室が高温になった場合、伝播する前に反対側の混合気が自然着火して一度に爆発し、その衝撃波が広がりつつある通常の火炎帯を乗り越えて壁にぶつかって反転し、ノック音となるのである。

GMは市場の全数をリコール、さらに在庫車および生産中の車、準備中の資材も、すべてスクラップにせざるを得なかったのである。

生き残っていたといわれるたった2台のそのうちの1台が、ハラー博物館に展示されていた。図9-1に見られるようにU字型の銅製の縦型のフィンはシリンダーにみごとに鋳込まれているが、シリンダーヘッドはフィンなしである。冷却風の流れを図9-2に示すが、これは下から上に流れ、最も高温になるだろうと思われるシリンダーヘッドに風は当たらず、そこにフィンがない。周知のように銅の熱伝導率は高く、フィンの温度自体はすぐ均一になろうがフィンから冷却媒体（空気、水）に熱を伝える熱伝達率は、水にくらべ空気は著しく小さい。その値は媒体の条件によりばらつきが大きいが、空気の場合は10～50Kcal/㎡h℃、水の場合は1000～10000Kcal/㎡h℃となる。GMは高度な鋳造技術で銅を鋳込んだが、銅にした効果は限定的であったであろう。ケタリングの錯覚である。ところで、ケタリングは8年後の1931年、世界で初めてノッキングの正体を高速度写真により解明、大反響をもたらした。当

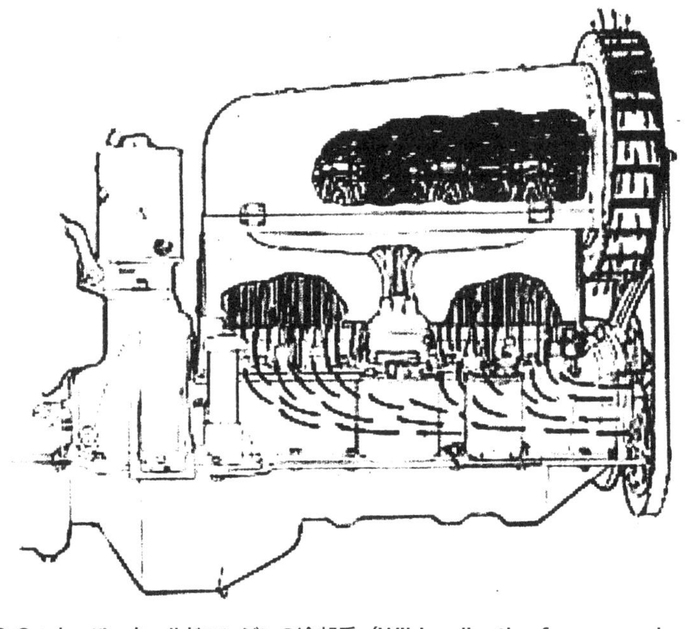

**図 9-2：カッパークールドエンジンの冷却系（Wikipedia, the free encyclopedia）**
高温のシリンダーヘッド部の冷却が後回しになっている。フランクリンの手法が正しいのではと思われる（図 8-3 参照）。

時は大不況時代であったにもかかわらず、4 万ドルもかかる実験を推進させたのである(9-1)。それはカッパークールドエンジンを陥れたノッキングの仮面をなんとしてもはがしたかったからであろう。

## 空冷とは難しいのか？　飛行機のエンジンは？

空冷は、ラジエターも水もその配管も要らず、一見軽量にできそうで簡便に見える。事実、第二次世界大戦まで全盛を誇った航空ピストンエンジンはその末期は空冷星形エンジンの独壇場にも見えた。それが自動車では次々に消え、現在では水冷の独壇場である。

飛行機の場合もしかし空冷 2 列星型 18 シリンダーは多くの実例を残したが、それ以上の大出力エンジンの多シリンダー配列となると、その例は僅少となる。唯一実用となった P&W、4 列星型 28 シリンダーを

**図 9-3：7 シリンダー4 列星形 P&W R4360 エンジンと搭載機ボーイングストラトクルーザー（ラックランド空軍博物館および近藤晃氏提供）**
1954 年、ボーイングストラトクルーザーはマリリン・モンローを乗せ、羽田に飛来した。エンジンは故障多発で信頼性が低く、デリケートで美女にも弱かったらしい。その冷却空気誘導板（バッフルプレート）の複雑極まる構造はまさにモダンアートのオブジェであった。

図 9-3 に示す。1 列星型は 4 ストロークサイクルでは、3 シリンダーから始まって、5、7、9、11 シリンダーとなるが、11 シリンダーはアメリカに 1 例（2 列 22 シリンダー）が、日本では、三菱と日立（ガス電）に 2 列 22 シリンダーが存在したがともに実用には至っていない。中島飛行機の 4 列 36 シリンダー（米本土爆撃機富嶽用）は計画段階で中断された。一方、水冷星型多シリンダーエンジンはいくつかの試作例を数える。アメリカのライカミング、ドイツの BMW、ユンカースの例を図 9-4、9-5 に示す。ユンカースに実機搭載の写真があるが、他は計画で終わったようだ。

ここで、水冷と空冷とについて復習することにしよう。

エンジンの燃焼により、燃料の持つエネルギーを機械的エネルギーに変換されるのは大雑把にいえば、その 1/3 である。あとの 1/3 が排気として捨てられ、さらに残りの 1/3 が冷却によって失われる。既述の

**図 9-4：9 シリンダー4 列星形のライカミング 7755 エンジン（スミソニアン博物館）**
9 シリンダー–4 列星形 36 シリンダーはアメリカでは水冷（液冷）にしていた。
中島の「富嶽」も全く同じ配列で、空冷での挑戦を図ったが、幸か不幸か中断となった。
恐らく成立は不可能だったのではないだろうか？

BMW803エンジン
液冷28シリンダ(2列星型)4シリンダ×2
4000PS

ユンカース・ユモ　222Eエンジン
液冷星型24シリンダ
2500PS

**図 9-5：多シリンダー大出力化に対し、BMW も、ユンカースも水冷とした**
ユンカースは列型 4 シリンダーを星形に 6 列並べたものであるが、列型 6 シリンダーを 6 列に並べた 36 シリンダーも計画していた。冷却系は富嶽やライカミングにくらべて合理的に見える。

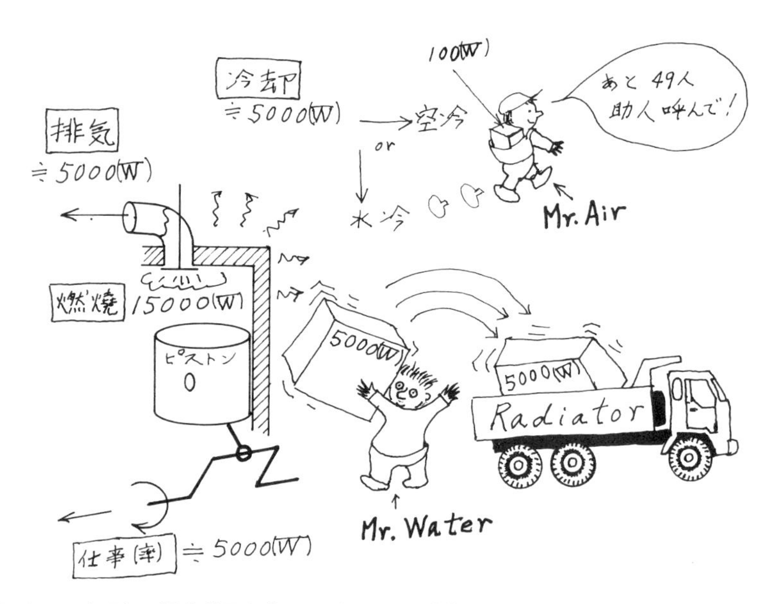


**図 9-6：水は必要排出熱量を容易に受け取り、空気は必要排出熱量の 1/50 しか受け取らない**

仮に燃焼で得られる仕事（率）を 15000W と仮定し、極めて大雑把に示したものである。イラストでは水冷はいとも簡単に見えるが、実際の設計、開発も多くの要因を排除せねばならず容易なものではない。

## 空気冷却の壁

1. 熱伝達率（冷却媒体のHeat Transfer Coefficient）
   空冷は水冷の1/50～1/100、 ie 冷却面積は50～100倍必要
   普通の冷却フィンでは20倍位にはなる（S/B = 1）
2. 必要冷却面積はリッター馬力(PS/ℓ)の２乗で増す
   ヤーリッチの式：必要面積　$F = C \cdot D/S \cdot D^2\ (PS/\ell)^2$
   但し、ホンダのPS/ℓはフランクリンの3.5倍
   $F \propto (3.5)^2 \fallingdotseq 12$倍（必要）
3. 冷却空気流速（RAE イギリス航空研究所の式）
   必要面積 $\propto 1/\nu^{0.72}$　流速2倍なら60%ですむ
4. ブロワー消費出力
   消費出力 $\propto \nu^3$　2倍なら必要消費出力は8倍になる

**C：常数**
**D：ボア**
**S：ストローク**

**表 9-1：空気冷却の壁**

多くの実験式や実験値を引用した極めて概略的な結論である。

水と空気との熱伝達率は、バラツキが余りにも大きいので中庸をにらみ、水冷と空冷とを比較して図 9-6 のイラストにした。また、熱伝達率の差を含め、その他の空気冷却の特性要因をホンダ 1300 とフランクリンを頭に置いて空気冷却の壁として表 9-1 として示した (9-2)。ホンダの空冷については次に述べよう。

## 本田宗一郎の場合

　このような背景を踏まえ本田宗一郎のエンジンを見よう。もてぎのホンダコレクションホールに、くだんの車ホンダ H1300E とそのエンジンが展示されている。それを見るかぎり、失敗作との説明はなく、1300cc で 115 馬力を達成できた、としか記されていない。ホンダの何人かの友人に尋ねたが、「本田宗一郎の失敗ですよ」と言うだけでエン

図 9-7：ホンダ H1300E とそのエンジン（ツインリンクもてぎ　ホンダコレクションホール）

ジンのなにが悪かったかはわからなかった。さらにいろいろ尋ねているうちに、「そんなに聞きたいのなら当時のチーフをご紹介しましょう、ただし直接ではなく懇意にされている某社K社長にあたってみます」と言われた。しかし、いやなにも仕事上知りたいというわけでもなく結構ですよ、と返事をしていた。ところが数日後、そのK社長から電話がかかり、鈴木さんがお会いしたいとのことなので、一席設けました、ご一緒させていただいて、おしゃべりしましょうと誘われてしまった。せっかくの機会なのでありがたくお受けすることにした。

K社長が取り持ってくれた懇談は、たいへん愉快にそして有意義に終わった。ホンダは技術的にはこの難物を物にしていた、つまり空冷の壁を破っていたというのが結論ではあった。ただし高油温対策のパッキン、シール部の高価格を主因とする原価問題、さらにあとに控える排ガス対策を考え、生産化は止めたのだということがわかった。ホンダが空冷の壁を破ったイノベーションをこの懇談から推定し、図9-8に示す。ブロワーからの冷却風をシリンダーヘッド用とシリンダーブロック用に

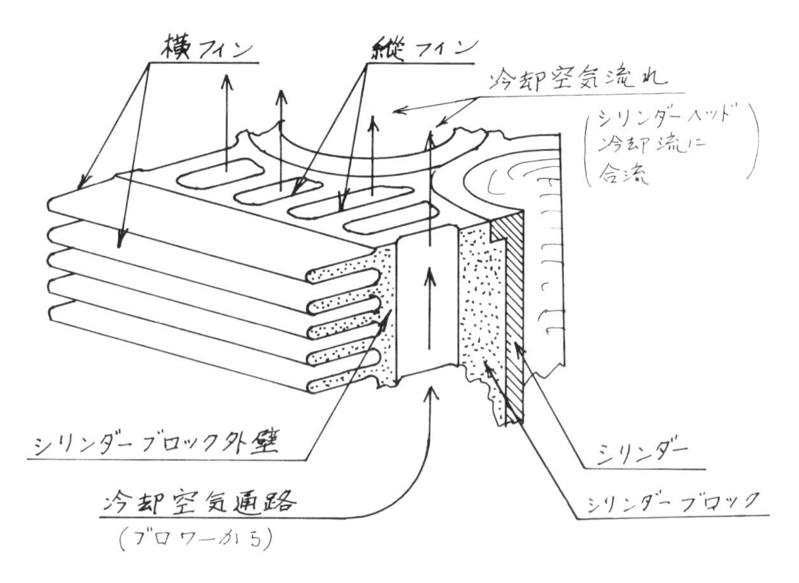


**図9-8：ホンダのイノベーション（推定原理図）**
懇談からの推定図である。

二分し、シリンダーブロックには下から縦形の冷却フィンを通して上向きに通風するが、フィン外部に設けたブロック壁にも横型フィンを設けて冷却面積を稼ぎ、さらにシリンダーを冷却した風はシリンダーヘッドに入り、ここでそこに最初に二分された別働隊（風）が入って来て合流し、ヘッド冷却を応援して外に抜けるのである。

ホンダは、少なくとも空冷 1300cc のエンジンは技術的には完成させていたのである。

しかし油温上昇の対策を残していた。手元にある資料をたぐって見ると、シールに使われるゴムの種類と油温の関係は図 9-9 に示すように高

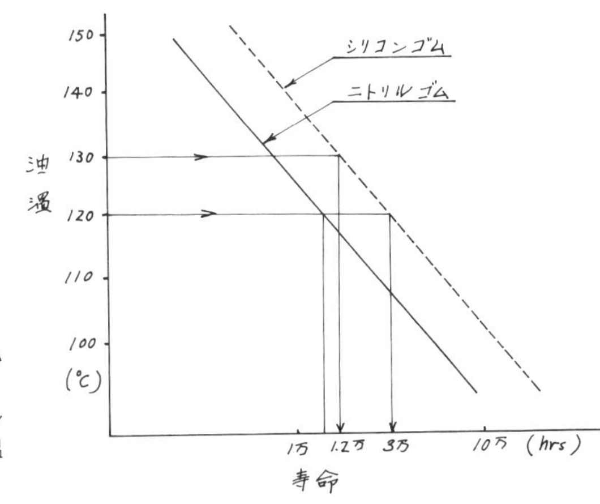


**図 9-9：油温に対するゴムの寿命**
シリコンゴムでは、ニトリルゴムに対して約 10℃の高温でも同一寿命が得られる。

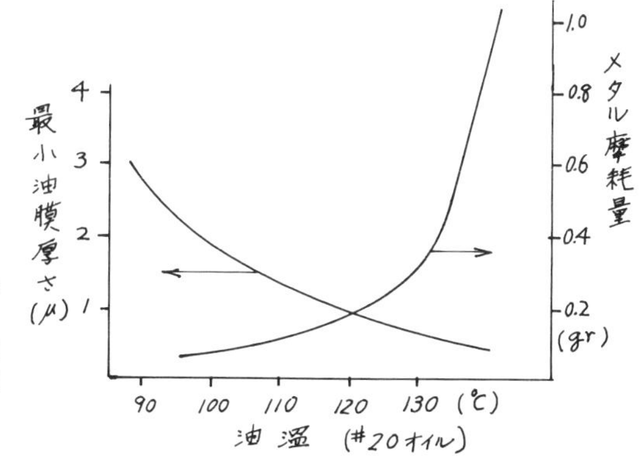


**図 9-10：油膜厚さと油温との関係**
油温が 130℃を越えると油膜厚さは急激に減少し、固体接触となり焼付きのおそれが急増する。

級のシリコンゴムにすれば10℃程度の上昇には耐えられるが、当然価格の問題は残る。さらに油温上昇は、潤滑部の油膜厚さ減らしベアリング（メタル）の摩耗、最悪の場合は焼付きの危険が迫る。その関係を図9-10に示す。

これらを勘案すれば空冷のメリットはなくなる。つまり空冷の限界にきていたということである。有り体にいえば撤退、つまり征服することはできなかったということである。要するに結果的には、GMは失敗、ホンダは撤退ということであった。

ところで、当時の計算技術に対し今日のそれは驚くべき進歩をしている。最近の計算技術を駆使すれば、空冷問題も失敗も撤退もなく征服できるのではとも愚考するが、ベースの熱伝達率に対しても、なんらかのメスを入れ、パラーメータの追加とかさらなる解析が必要にも思われる。

# 第10章

## 正道を駆け上がり、奇想天外ぶりを発揮した
## クレマン・アデァ



### 工学を学んだ陸軍中尉

ライト兄弟が飛行したよりも前の1897年に、300mは飛んだと主張されたクレマン・アデァ（Clement Ader）の蒸気エンジンとその飛行機を初めて見たのは、パリの工芸博物館（自動車用第2章参照）で、1979年の5月であった。アデァは1号機から3号機までの飛行機を作り、それぞれ実際に飛行を試みている。展示されていたエンジンは3号機（アビオンⅢ）のもので、同機はこのエンジンを2基装着した。エンジンは結構軽そうで、飛行機用として立派なものではないかと感じた。図10-1にその前面のスケッチと並列2シリンダエンジンの片方のシリ

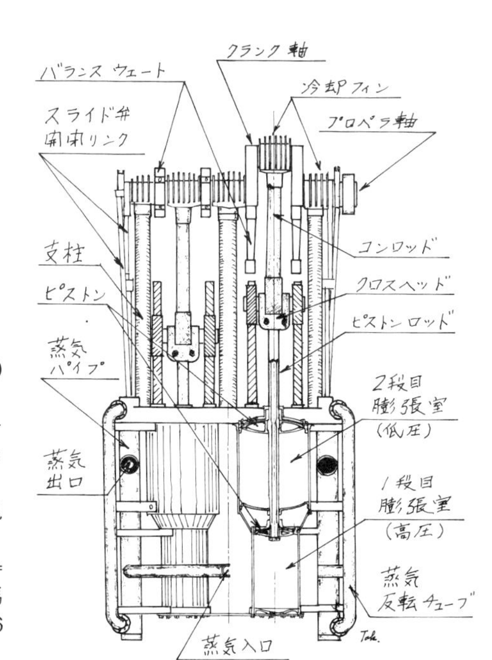


**図10-1：アデァのエンジン(1890年)**
並列2シリンダ2段膨張型蒸気エンジンである。ごちゃごちゃしているが、右側のシリンダ、コンロッド、クランクシャフトなどに注目して見ると作動が読める。
ボア（高圧／低圧）×ストローク＝(76mm/120mm)×120mm、24馬力(約18kW)/480rpm(蒸気圧16bar)/480rpm。

ンダの中を覗いた略図を示した(10-1)。

複動2段膨張型で、クランクケースに相当する構造体はいわばパイプフレームで、支柱によりエンジン可動部を支える設計である。当時舶用の蒸気エンジンは3段膨張型が普及していたが、その場合、高圧、中圧、低圧の3本のシリンダを並べた縦型3シリンダエンジンとなる(前著『名作・迷作エンジン図鑑』戦艦三笠のエンジン参照(10-2))。ところがアデァのエンジンは図からわかるように、低圧と高圧のシリンダはタンデムに繋がっており、ピストンロッドは共通の1本である。つまり高圧と低圧の膨張行程は1つのシリンダで行うので従来のプラクティスでは2本のシリンダになるところを1本で済ませ、それを2つにした2シリンダエンジンとしている。通常なら4シリンダエンジンとなるところを2シリンダエンジンで済ませたということである。これは大きなイノベーションではないか！　前例があるのではないかと探したが見つからなかった。もしアデァが考えたのだとしたら相当優れたエンジン屋ではないか。彼は確かに工学を学んだ陸軍中尉であった。エンジンをもう一度見よう。蒸気の出入りは両シリンダ（膨張室）を反転しながら繰り返し、複動を成立させる。ボア（高圧／低圧）×ストローク＝（76 mm/120mm）× 120mm である。ピストンはクロスヘッドに従って垂直に作動し動力をクランクシャフトに伝える。クランクシャフトには大きなバランスウエートが取り付けられている。クランクシャフトベアリングは滑り軸受であるが、ベアリングキャップには冷却フィンが取り付けられ、設計者の周到な配慮がわかる。出力は蒸気圧によって変わるが、最大出力は蒸気圧 16bar で 24 馬力（約 18kW）/480rpm、エンジン単体質量は 22kg である。

これほどのエンジンを完成させた技術者なら、その飛行機もさぞかし実用に肉迫したものであったろうと思うのであるが、あに計らんやというか、意外というか、その飛行機は図 10-2 に見るような奇怪なそして巨大な蝙蝠（こうもり）の化けもので、一見してこれが飛ぶのかと誰しも思うのではなかろうか？

アデァは蝙蝠形を1号から3号まで製作した。最初のものは翼幅約

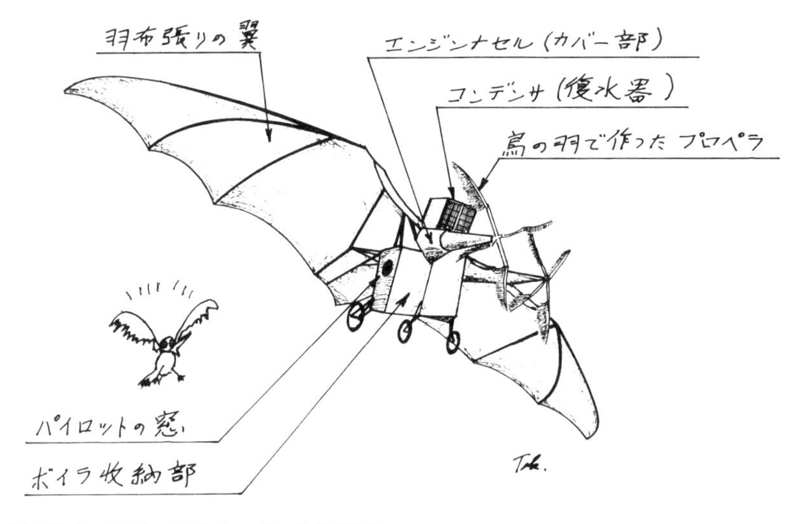


**図 10-2：アデアの Avion No.3 飛行機**
翼幅 17m、質量 400kg。有名なゼロ戦の翼幅が 12m であるので、それよりふた周り長い翼でひとり乗りの飛行機としては巨大である。上半角は約 8°。
翼の下にぶら下がっている箱（パイプフレームに羽布張り）の中にボイラと人間が入るが、小さな窓が横についているだけで視界はおよそ不良である。
箱の左右にエンジンを置きプロペラを直結する。鳥の羽と竹でできたプロペラの直径は約 2.5m ほどにもなる。エンジンナセルが尖って長いのは延長軸のためで、延長した理由はプロペラを折り畳むためのようだが、その必要性は何だろう？

12m でエオールと名づけ 1890 年 10 月に飛行を試み、数インチ（15cm 位）は地面を離れたと主張したが墜落して破損した。2 号機はアビオンⅡと名づけたが結局完成せず、3 号機アビオンⅢを完成した。翼幅約 17 m、質量約 340kg でエンジンを 2 基取り付けた。これはベルサイユに近いサトリ（Satry）の軍用地で、1897 年 10 月 12 日に飛行が試みられたが浮き上がることはできず、2 回目のテストは 2 日後に行われた。彼は後輪が浮き 300m は飛んだと主張したが、機体は風で傾き破損して終わった。失敗であったのだ。

一端（いっぱし）の技術者として自他ともに信じたであろう技術屋の不可解なまでの原点を見失った、技術思想と錯覚したのではないかと思われる道程をたどって見よう。そして慚愧（ざんき）であったであろうアデアの魂に触れさせてもらい、他山の石とさせていただこう。

### 足を地から離したいなら、足を地につけろ

１、なぜ、蝙蝠を範としたのだろう？

蝙蝠は一般に洞窟などの暗いところにぶら下がって休み、夕暮れ時に飛び出して昆虫などを捕える。その飛翔は軽快でスピードも速い。そして哺乳類として唯一飛べる動物ではある。しかし、アデァの第一の目的はエンジンにより陸を離れること、飛ぶことであって、軽快に動き回る必要は二の次である。蝙蝠に替えてなぜ、鳶(とんび)とか烏(からす)とか鳩とかを対象にしなかったのだろう。選択の不適切、原点の誤りという他はない。

２、なぜ、尾翼を付けなかったのだろう？　アデァの飛行機には水平尾翼がない

烏とか鳩とか身近の鳥を、原点に戻ってゆっくり観察すれば尾翼の効果に気づいたのではないだろうか？　蝙蝠の先入観が災いしたのだろう。観察したという記録もあるのに。図 10-3 に尾翼が付いている岡山

**図10-3：浮田幸吉のグライダーのレプリカ（岡山サイエンス館1993年撮影）**
このレプリカの詳細は不詳であるが、滑空テストは行ったらしい。

の幸吉（浮田幸吉）のグライダーの復元機体を示す。伝説によれば、これより100年以上も前の1785年8月3日の夜、岡山城下の旭川に掛かる京橋から飛び降りて飛行したとされるが(10-3)、彼は鳩の飛行中の尾翼の微妙な動きに気づいており、紐で操作できるように工夫してあったという。このレプリカでは尾翼は小さすぎ、かつ主翼に近すぎて（正確には重心と尾翼の空力中心との距離が短かすぎて）、うまく滑空できたとは思えないが、レプリカ製作の経緯は不詳なのでわからない。

では蝙蝠に尾翼は本当にないのだろうか？　蝙蝠の飛翔を高速度カメラで捉えて見ると足を懸命に伸ばし、足に付いている膜を尾翼として働かせていることがわかる。普通の人では早すぎて観察できなかったといえる。このことからも、蝙蝠に替えて、観察が可能なゆっくり飛ぶ鳥にすべきだったと思われる。

3、なぜ、空気抵抗の大きいコンデンサ（復水器）を主翼の上に付けたのだろう？

蒸気機関車に復水器はない、使い終わった蒸気は捨て、水は駅で補給する。一方、飛行機は空中では水の補給ができないので、水は使い捨てにせず、コンデンサで蒸気を水に戻す。何かおかしくはないか？　100kmも飛ぶつもりだったのだろうか？　目的は陸を離れることで、何もかもごちゃ混ぜにすることはない。

科学技術の追求の要諦は主要なものから、そして容易なものからステップバイステップに追求しろというのがデカルトの教えである。

4、翼は複雑な可変構造（翼を前後に振って風圧中心を変える）を有していたが、前が見えない操縦席で何を目安に操縦するつもりだったのだろう（図10-4参照）？

可変機構はハンドルとねじを何回も回すもので非実用的であった(10-4)。

目の前に大きなボイラが陣取っているので操縦者は前が見えない。これも、おかしな設計だ。

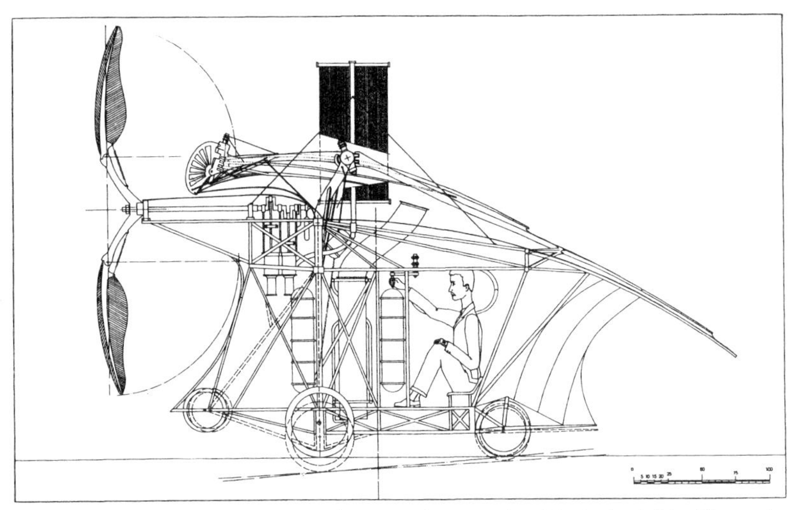


L'*Eole* vu de profil, désentoilé. La toile de revêtement est enlevée, laissant apparaître la structure. La manivelle actionnée par le pilote sert à la commande d'avance-recul de l'aile. En pointillé : la modification effectuée en cours d'essais (1890). Dessin Jacques Lissarrague.

**図 10-4：アデァの１号機、「エオール」号（L'Eole）の横断面（Pierre Lissarrague ADER, Bibliothèque historique Privat1990）**

制御対象は、蒸気量と翼の前後移動だけだったようだ。Avion No.3 の断面もこれと同じ縦長のエンジンは小じんまりと収まっている。

５、なぜ、鳥（駝鳥？）の羽でプロペラを作ったのか？

鳥の羽を１本ごとに竹の幹に植え付ける大変凝った造作である。後日の調査によると、これで必要な推力は達成されていたようである。つまり捩じれ角の選択も平面形状も適切であった。

確かにこの飛行機のプロペラは人類初の製作であり、前例となるものは船のスクリューだけであったろうが（スクリュー船の実用は 1837 年)、船とは違って相手が空気で高速に回すためにはいかにしたら良いかという命題の回答として、この選択はどう評価できるのだろう？　木製を考えるのは凡人の輩どもと思ったのだろうか？

６、プロペラは延長軸の先に付ける、折り畳めるようにするためであるが、なぜ折り畳む必要があるのか？

これも不可解である。長くしたプロペラ軸の振動が気になるが、記述はない。

生物に範を求めることは、今日でも自然科学の追求に往々に必要とされる。せっかく羽ばたき機を止めたのなら、一拍置いて、蝙蝠以外にもっと容易に作れそうで、かつ観察もできそうな対象を選ぶべきであった。
思いついてもすぐに手を出さず足を地につけて、原点に戻ってもう一度考えろということだろう。足を地から離したいなら足を地につけろということだ。

これと逆に「巧を言外に求め、則を句中にとる」といわれる。つまりつべこべ言ってないで作ってみろ、作っているうちに法則がわかるということである。矛盾しているかに見えるがそうではない、つべこべは必須ではあるが、100 点までいかなくても作ってみろということである。

# 第11章

## ないない尽くしの世界初アルミエンジン
## ライト兄弟のエンジン

### 世界初のアルミエンジン

1966年（昭和41年）の3月、私はコンテッサのエンジンのアルミ化（軽量化のためアルミ合金でエンジンを作る）を目論み、生まれて初めてひとりアメリカに渡り、ピッツバーグのアルコア社（ALCOA Inc.）を訪ねた。ピッツバーグの3月はまだ冬であった。バスに乗ったがどこでどうやって降りるのかわからないので、ドライバーの脇に立っていた。横殴りの雪がワイパーに絡まっては落ちていく。濡れた路面を蹴るタイヤの音がやけに大きく響いていた。

その日、クリーブランドにある同社の研究所の事務所は雪に覆われ、ずぼずぼと雪に足が埋まる庭を横切って、私の英語が通ずるか否か大きな不安を抱えながらドアをノックした。ずらりと並んだアルコアの人達の前で初めての英会話はなんとか通じ、私はトイレで嬉しくなりひとりにやにやしたのだが、窓の外はまだ雪が降り続いていた[11-1]。

当時、日本では自動車のアルミエンジンはまだなかったが、それより60年以上も前に、ライト（Wright）兄弟の飛行機はアルミエンジンを志向、その製作を任されたチャーリー・テイラー（Charlie Taylor）も彼のアルミエンジンの構想に賛同してもらえるか否かの不安を抱えながら、同じようにこの庭を横切ったのだろうか？　ライト兄弟のエンジンはおそらく世界初のアルミエンジンだったのだ。

### ないない尽くしの奇想天外エンジン

周知のように自転車屋であった兄ウィルバー（Wilbur）と弟オービル（Orville）のライト兄弟は、航空力学の基本から考察を開始して風洞（Wind Tunnel、高速の空気流を出す装置）を自作し、翼型（翼の断面形状）を選出したのである。航空力学の研究に風洞実験は必須であるが、グライダーの先駆者リリエンタールらが使った装置はホアーリングアームといって、回転軸に長いアームを付けその先端に翼型を付けて研究していたもので、アームの長さを無限にしない限り旋回の影響が出る。彼らはこの不備に気づき風洞を思いついたという(11-2)。今日、航空力学では航空機の安定問題が取り扱われるが、当時彼らが手にした文献では恐らく充分な方針は得られず、安定問題は彼ら自身の制御をベースとした体験に基づくものであった。グライダーから開発を始めて300回もの飛行練習を経て飛行に挑戦し、1903年12月17日、人類初の動力飛行に成功したのである。

彼らはそのエンジンについても理論的な考察から始めた。彼らの「飛行機の翼面積46.5㎡、総重量284kgの機体を37km/hで飛行させる必要推力は40.8kgと算出、必要出力は8馬力（約6kW）以上とした(11-3)。エンジン質量の目標値は91kgであったが、その製作を7州にわたる自動車メーカーに打診した。しかし、たった1件の返答しか得られず、しかもそれは重すぎた(11-4)。当時の自動車はどうだったのか？ 1902年のニューヨークの自動車ショーを覗いてみよう。蒸気自動車が58台、電気自動車が23台、ガソリン自動車は58台でピアレス（Peerless）、パッカード（Packard）、ウィントン（Winton）、オーバン（Auburn）などが出展されたが現在に残る銘柄は見えない。まだまだ蒸気エンジンに押され、電気自動車に脅かされていた時代だったのだ。ピアレスの4シリンダエンジンの写真がある。鋳鉄ブロックの独立シリンダで、ヘッドはいわゆるT型、つまり吸排気弁が左右に張り出した鋳鉄製で、見ただけで重そうである(11-5)。

かくて、ライトは自分達でエンジンを作る決心をし、自転車屋で一緒に作業をしていたチャーリーを主体として製作にあたった。彼らはなんと4週間で軽量航空エンジンをでっち上げたのだ。驚くべきことに4シリンダの製作前に原理思考用の単筒エンジンを作り、研究したのである。チャーリーのエンジンに対する経験は数年前にガソリンエンジンのリペアーをしただけだったというから、自ら原理のポイントを掴むためだったのであろうが、なんともオーソドックスな優れた技術（開発）方針である。

彼らは正式な設計図は描かず、要所ごとの要領図ですませたらしい。チャリーはまずアルミ鋳物のシリンダブロックをアルコア社に発注し、製作してもらったのである。でき上がったエンジンは図 11-1 に示すような水平 4 シリンダエンジンである。その構造は、しかし奇想天外のかたまりであった。まずは、その奇想天外ぶりを挙げよう。

キャブレタがない、重力式の垂れ流し式である。したがって燃料ポンプもない。混合気または吸入空気の量を制御するスロットルバルブもない（つまり自動車に例えればアクセルペダルがないということ）。着火の電気プラグがない、そして水ポンプもないが、シリンダ冷却用の水はシリンダ外周に満たし、ラジエータは翼の支柱に取り付けただけだが、水は温度差により自然に循環する。

とにかくこんな「ないない尽くし」のエンジンが回り、必要な出力を出し、そして飛行機は飛んだのである。

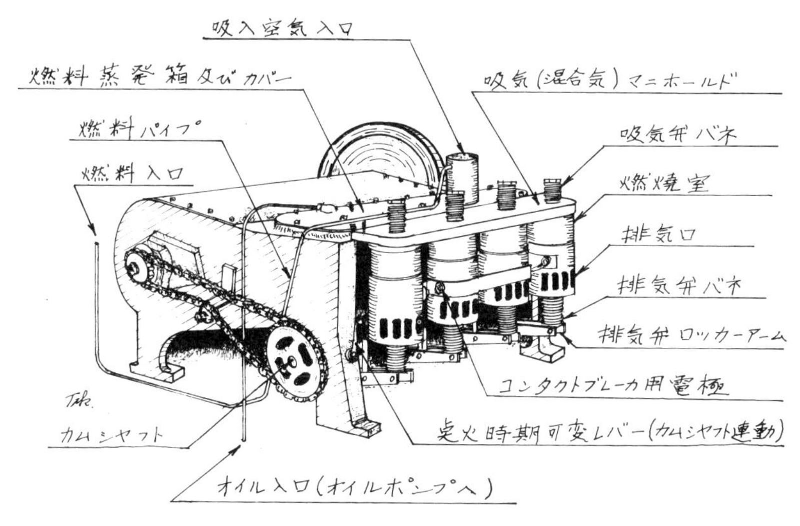


**図 11-1：ライト兄弟のエンジン（フライヤーⅠ型用）**
ボア×ストローク＝ 102mm × 102mm、3296cc、出力 12 馬力（約 9kW）850rpm、質量ベア（水、油なし）で 69kg。

著名な航空機評論家のビル・ガンストン（Bill Gunston）の解説を脇において、推定を交えてエンジンを見よう[11-6]。

エンジンの上面に見える煙突状の太い筒が吸入空気入口で、そこに脇から細いパイプが入っている。これが燃料パイプで、燃料のガソリンは翼の支柱に取り付けられた燃料タンクから重力で供給され、パイプの先端から滴下し、周りの空気と一緒に吸入される。その下が燃料蒸発箱で、これはいうなれば蓋が付いた大きなフライパン、それが4つのシリンダの上を覆い、着火運転が始まれば熱くなり、そこに滴下した燃料は蒸発して空気との混合気を形成する。混合気はそれに接続した吸気マニホールド（まな板に見えるが中は空洞）に入る。そのマニホールドにぶら下がっている4つの円筒が各シリンダの燃焼室で、そこに入った混合気は爆発燃焼し、その下部に開けられた数個の縦長の排気口から排出される。吸気弁ばねは吸気マニホールドの上に4つ並んで立っているが、ロッカーアーム（開閉用のてこ）がないので、ピストンの下降にしたがって空気が吸われる自動弁であることがわかる。排気弁は燃焼室の下にあり、図からわかるようにチェーンで駆動されるカムシャフトで作動するロッカーアームにより開閉する。

**図11-2：マグネトの取り付け状況**

機体に取り付けられたマグネトの軸がエンジンのフライホイールの外周に接して、マグネトは駆動される。

点火系を見よう。高圧点火（Jump spark ignition）用の点火プラグは当時まだ一般化しておらず、低圧の断続火花法（make and break type）と呼ばれるものを採用した。マグネトは機体に取り付けられ、エンジンのフライホイールから駆動される。配線の内容は不明であるが、1900 年から 1905 年にかけてアメリカの自動車と一部の航空機に使われたといわれる、アイゼマン式のシステム（Eisemann magneto system）を用いたものと思われる(11-7)。このシステムで燃焼室内に電気火花を飛ばすコンタクトポイントを入れたのであろう。アイゼマンのシステムと、それを用いて燃焼室内で火花を飛ばす低圧火花法の原理図（一部推定）を図 11-3 に示す。コンタクトブレーカの動きを回転方向に替え、その回転軸にアームを取り付けて燃焼室内に設置したと推定した。

ところで混合気といっても単に空気に何滴かのガソリンを漂わせただけでは、いくら強力な火花を飛ばしても混合気は爆発しない。空気とガソリンとの混合ガスは、可燃混合比と呼ばれる空気の量とガソリンの量の比（空燃比）でしか爆発はしないのである。爆発する空燃比はおよそ

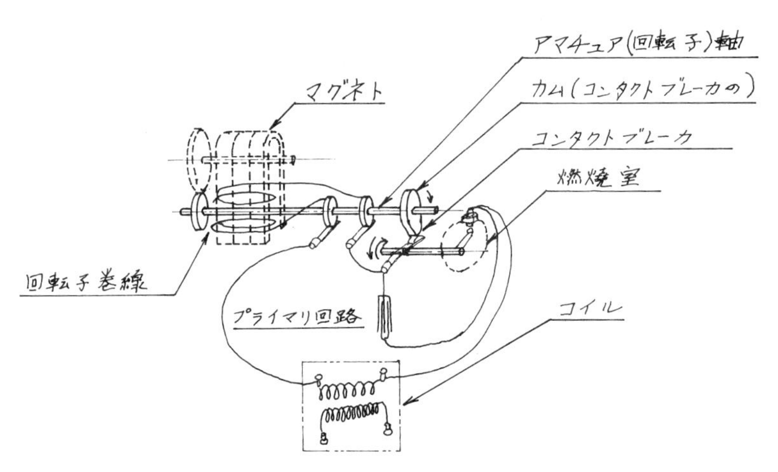


**図 11-3：アイゼマン・マグネトシステムとそれを利用した点火システムの原理図（一部推定）**

Make and break 点火システムと呼ばれた低圧点火システムとは 1900 年代初期には自動車および航空機用エンジンによく用いられたものである。そのシステムとそれをライトのエンジンに適用した原理図を示した（一部推定）。

8～19である（最近話題の水素は可燃混合比の幅が非常に広く、約7～35にもなる）[11-8]。チャーリーは恐らく何回も何回も実験を繰り返し、自ら可燃混合比の範囲を探りあてていたのだろう。

エンジンが完成して、いよいよ運転してみることになる。話は脱線するが、我々の場合、新規開発のエンジンを初めて運転するとき、それを「火入れ」と呼び、関係した人々を集めて全員が注視する中でスイッチを入れるのである。何回やっても最高に緊張する一瞬である。順調に回り出した瞬間は、自分が地球を回したような気分になる（設計ミスで回らないこともあった。現在ではコンピューターにより、回るのが当たり前になり、「火入れ」などというセレモニーは昔話になっているのだろうか？）。チャリーのエンジンに話を戻そう。そのエンジンは回ったのだ！　しかし、突然の大音響とともにエンジンは止まってしまった。クランクシャフトベアリングが固着し、せっかくのアルコア製のシリンダブロックは破損してしまった。前日の寒さで滴下したガソリンが凍ったのが原因という記述があるが、フライパンとベアリングとの位置関係からこの表現はいささか怪しい。ベアリングギャップ（クランクシャフトと軸受との間の隙間）不足か、スプラッシュ式（オイルパンに溜まっている潤滑油をスプーン状の羽根を回してかけはねる方式）のため、寒冷時の流動不良のオイルにより、供給不足で焼きついたのではないか？
とにかく作り直したアルミブロックは2ヵ月後、やっとピッツバーグから届き、出力が測定できた。12馬力（約9 kW）/850rpmであった[11-9]。目標とした8馬力（約6 kW）は凌駕していた。無から出発して目的の出力が得られたことは敬服に値する。どんな動力計を使ったのか疑問に思うがおそらくムリネ（Moulinet）でプロペラを回転させ、その回転数から出力を割り出す方法にしたがったのだろうが、これも自作したのだろうか？[11-10]　とにかくこのエンジンの完成が初飛行に繋がったのである。

最も問題であったエンジン質量はどうだったのか？　諸説紛々で54kgから101kgのばらつきがあるそうだが、ガンストンの推定ではベア（水、油なしのはだか）で69kg、ラジエータ、水、油を含めて79kgと

**図 11-4：ライト兄弟が製作し、人類初の飛行を成功させた「フライヤーⅠ号」(EAA 博物館)**
前尾翼は水平で後尾翼は垂直である。前尾翼の選択はリリエンタールの残した記録から機体が失速して頭から突っ込んだ際の安全を配慮した結果とされている [11-3]。

している。目標は充分に達していたのだ。

スロットルバルブがないということは、エンジンは終始全開運転ということである。しかし点火位置の可変レバーが付いている（図 11-1 参照）ので、これで若干の制御はできる。進ませすぎればノックが起こるし、遅らせすぎれば失火するが、その範囲もおそらく手探りで見つけたのであろう。

1903 年 12 月 17 日の 10 時 35 分、彼らの最初の機体フライヤーⅠ型は滑走を開始した。そして、それは初めて地上を離れたのだ。

1 回目は弟オービルが 12 秒で 36m、2 回目は兄ウィルバーで、12 秒で 53m、3 回目もウィルバーで、59 秒で 60m の飛行であった。

驚くべきことに、兄弟は初飛行の成功後果敢に改良を行い、翌 1904 年にはフライヤーⅡ型でエンジンは 16 馬力（約 12kw）となり飛行時間は 5 分以上、1905 年のフライヤーⅢ型はエンジン出力 20 馬力（約 15kw）で、38 分 3 秒を記録、実用機として踏み出したのである。

**図 11-5：B29 爆撃機は 9 トンもの焼夷弾を搭載できた**
胴体下の２つの爆弾倉カバーがパカッと開き、無尽蔵とも思える焼夷弾が落とされるのだ。

エンジンは逐一改良され、1909 年にはアメリカ海軍に採用。ライトの会社自体も多くの紆余曲折、変革を経て、やがてライト R3350、2200 馬力に発展、B29 爆撃機に搭載され、1945 年（昭和 20 年）には日本全土を焦土と化すのである。

# 第12章

## 設計者と一緒にポトマック川に投げ込まれた
## マンリーのエンジン



### 模型飛行機の成功と傑作エンジンの誕生

結果的にライト兄弟と初の動力飛行を競うことになったサミュエル・ピアポント・ラングレイ（Samuel Pierpont Langley）は1892年（明治25年）、飛行機に興味を持ち、エンジン付きの模型飛行機の製作を始めた。次々と改良を重ね、第6号機まで製作し、これらにエアロドローム（Aerodrome）なる名前をつけた[10-4]。時、ラングレイはスミソニアン協会の副理事長に就任しており、55歳になっていた。1895年、タンデム型（串型、尾翼の大きさも主翼並にした型）にした4号機と5号機を作ったが、5号機は1896年5月に約1000m、6号機は11月に約1500mの飛行に成功した。この成功により、有人飛行機の可能性が証明できたとしてラングレイは満足し、これ以上の開発は止めていた。ところが1898年アメリカ国防省はラングレイに動力飛行機の開発を依頼し、ラングレイは同年12月にその開発に取り組むことになってしまった[10-4]。

航空用動力としてラングレイはそれより4年前の1894年に製作された、バルツァー（Balzer）の4輪車（これはアメリカ車の史上2番目）のエンジンが軽量であることに注目した。それは星型3シリンダのロータリーエンジン（エンジン全体が回るエンジン）であったが、ラングレイはこれを参考に新たにエンジンを企画、コーネル大学を卒業したばかりのチャールズ・マシュー・マンリー（Charles Matthews Manly）を採用し、製作を依頼した。彼はラングレイの注文によりバルツァーが作ったエンジンを調査したが出力が出ず、ヨーロッパのメーカーなどのアドバイスも受け、ロータリー式を固定式に変更し、彼自身の設計で製作した。出力不足の理由は、図12-1（a）（b）に示したように吸排気弁を

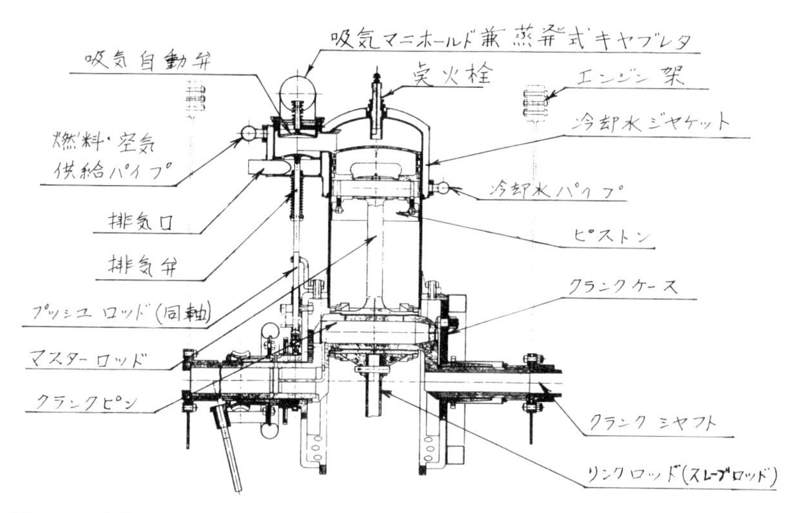


**図 12-1 (a)：マンリーのエンジン（C.F. Taylor［Smithsonian］の図に加筆）**(12-1)
星型エンジンであるから一般には図 12-1（b）に示すようにマスターロッドとリンクロッドの組み合わせでなければならない。図示のコンロッドは上側がマスターロッド、下側がリンクロッドとして描かれている。いささかややこしいメカニズムであるが、本文の解説参照。

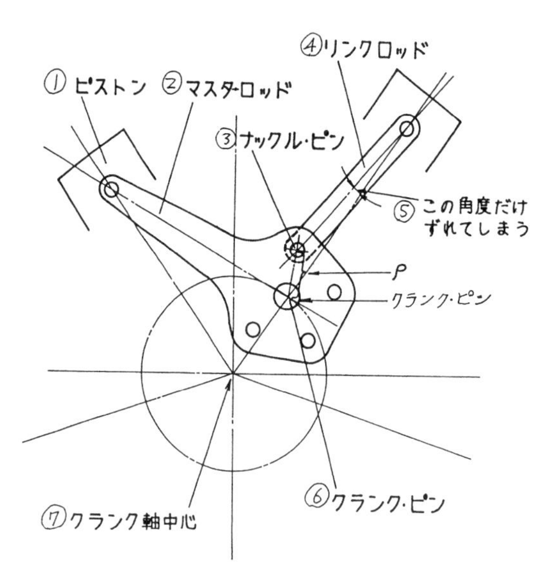


**図 12-1（b）：一般的な星型エンジンのマスターロッドとリンクロッドの関係**
図は５シリンダの場合を示す。この場合は１本のマスターロッドに他の４シリンダのリンクロッドが繋がって回る。図示のように、リンクロッドは⑤の角度だけずれるので、通常は点火（噴射）時期をずらして補正する。

**図 12-2：バルツァーの車の床下に搭載された 3 シリンダ　ロータリー星型エンジン（スミソニアン博物館）**
フィンなしの空冷シリンダである。

上下に対向させたいわゆる F 型ヘッドなので、自動吸入弁が遠心力で全開せず吸入効率が不良であったためで、固定式にすることで出力は満足された。図に見られるように、シリンダヘッド部のみを水冷とした星型 5 シリンダでボア × ストローク = 127mm × 149mm、排気量 8850cc、52 馬力 /950rpm である[12-1]。バルツァーのエンジンを図 12-2 に示す。シリンダは、ただのお茶筒で冷却はロータリーエンジンの回転にのみ依存している。これに対してマンリーはヘッド部だけを水冷にしたが、高出力化とともに軽量化にも配慮した適切な対応に見える。

エンジンの完成に気を良くしたラングレイは 6 号機の模型をベースに有人のエアロドロームを製作した。図 12-3 に全貌がつかめる模型の写真を示す。タンデム型の両翼の中央に横向きにエンジンを置き、両側に伸ばした延長軸の先端に進行方向の後側に推力を発生させるプロペラを配した機体である。翼幅は 14m、質量は 331kg であった、パイロットは前翼の後端、つまりエンジンの直前に座る。図 12-4 は実機のエンジ

**図 12-3：ラングレイの模型飛行機エアロドローム No.6 のレプリカ（Los Angeles History & Ind. Museum）**

1896 年に 1000m の飛行に成功し、これを元にラングレイは 1898 年に有人機の開発に着手した。1/4 の模型はレプリカであるが、十文字の尾翼を付けた実機と同じレイアウトである。ただし小型の蒸気エンジンを搭載している。

**図 12-4：エアロドローム（復元機）のエンジンとプロペラ（スミソニアン、ポール・E．ガーバー施設）**

どこまで実機に忠実に復元されているかは不詳。

ン部分である。図 12-5（a）はそのエンジンである。機上の写真と若干の相違点があり、手を加えられていることがわかる。シリンダヘッドを繋ぐ中央の太いリングは吸気マニホールドで、両側の車輪のようなホイールは恐らく当初ロータリーエンジンとしたときのエンジン架の名残ではないか？　と想像できるがわからない。航空機評論家ガンストンによると、燃料および空気の供給パイプを有するとしているが[11-6]、この大きなホイールがそうではない。図 12-5（b）に見られるように、左右の大きなリングと中央の大きなリング状のマニホールドの他にさらにひと回り小径リング状のパイプがあり、かつそれには燃料入り口とおぼしい口が見える。これは燃料および空気の供給パイプかと推測される。混合気はマニホールド中をぐるぐる回りながら各シリンダに配分される。マンリーが星型エンジンの難しい混合気配分を考えてこのような形状にしたのだとすれば天才のひらめきである。

一方、キャブレタはまだ形式が固まっていない時代で、彼はガソリンを浸した材木のチップの上に吸気を通して蒸発させる、一種の蒸発式を採用した。材木チップを利用したものが他にあったか否かは不詳であるが、チップをマニホールド内に詰め込み蒸発面積をかせいだ。点火は高圧マグネト点火で、これもボッシュを採用したのであろう。

図 12-1（a）に戻って、エンジンの細部を見よう。全体に薄肉構造でアルミ板（？）のクランクケース、中空のクランクシャフトなど、肉のある部材は見あたらず軽量化の意識がよくわかる。シリンダは 1.6mm 厚の鋼製で内側に同じく 1.6mm 厚の鋳鉄製ライナを圧入し、ドーム状のヘッドと一体になっている。冷却水ジャケットは 0.5mm 厚の鋼製でシリンダヘッド部のみを包んでいる。ピストンは薄肉鋳鉄で 4 本ピストンリングである。コンロッドは鋼管であるが、図の上側にマスターロッド、下側にリンクロッド（スレーブロッド）が示されている。
このへんの解読は、ややこしいが以下に説明する。

まずは一般的な星型エンジンの構造を図 12-1（b）に示す。マスターロッドの下端を膨らませ、その他のシリンダのコンロッド（リンクロッドとか、スレーブロッドとかいう）をナックルピンで支える。これによ

**図 12-5（a）：床に置かれてあるエンジン（ポール .E. ガーバー施設）**
実機搭載エンジンと外部が異なる。手を加えられている。

**図12-5（b）：外側のリングとリング状吸気マニホールドの間に、燃料供給用と思われるリング状の細いパイプがわかる**

り各シリンダの爆発力がクランク軸周りの回転力として伝えられる。この方式はマンリーの設計時にはまだなかったかも知れないが、マンリーの設計はこれと同じ機能を持つメカニズムを、これも天才的な知力で解決していた。これが図 12-1（a）のコンロッド大端部の図である。

まずクランクピンに厚肉のパイプをはめたとしよう。この厚肉部に他シリンダのリンクロッド、例えば 4 本を回転軸まわりに図のようにピンで固定し、他端に各ピストンを繋いだとしよう。各ピストンの上下運動はクランク軸の回転として伝えられることがわかる。わかったところで、この 4 本のリンクロッドを外しておこう。

次に、この厚肉パイプをマスターロッドの大端部にはめるのである。大端部はこのパイプがちょうどはまるような穴を開けた形としておき、さらにはめた後、今度は先に外しておいたリンクロッドをちょうど、それらがはめられるように開けたスリットから再度はめるのである。

これで星型エンジンとしての駆動はできるが、このままでは厚肉パイプがクランクピン軸方向に抜けてしまうのでコーン型のスライド面を大端部に設けてそれを防ぐのである。図 12-1（a）はこの機能を上下に分けて示したものである。バルツァーの 3 シリンダエンジンの構造は不明ではあるが、ほとんどゼロから出発してひとりでこれを作り上げたマンリーの鬼才ぶりには舌を巻く他ない。

この軽量設計は効を奏し、排気量当たりの質量 10.6kg/L、出力当たりの質量 1.79g/PS の驚くべき水準となり（ターボが普及する以前の 2000 年頃の国産ガソリンエンジンでは、それぞれ約 50kg/L および 1.2kg/PS）、そして当時 10 時間の連続運転にも耐えた。一方、マンリーの設計とともに、その設計をこなした製造技術にも驚く他ない。彼を取り巻く周辺の技術水準にも注目する必要がある。日野自動車は 1977 年に鋳鉄製 1.5mm 厚のシリンダライナ（ドライライナ）を量産し、「世界初、世界最薄肉」と言っていたが、一品料理とはいえ半世紀以上前に同水準の製品を作り上げていた技術には脱帽である。

## 失敗したら原点に戻って再考すべき、そして急がば回れ、回ったら急げ

模型飛行機は快調に飛んだ。バルツァーをはるかに超えるエンジンも完成した。はやる心でラングレイは実機の飛行にのぞんだのだろう。そして1903年10月7日、マンリーが操縦席に座り、カタパルトから飛び立った。しかし飛行機は、なんとそのままポトマック川に頭から突っ込んでしまった。ラングレイは「カタパルトに飛行機が絡まったせいだ」と言ったが、そんなことはない、大体飛行機が飛べなかったのだという意見もあった。マンリーは無傷で冷たい川から上がって来た。そして12月8日、ラングレイは2回目の飛行を試みた。またしても飛行機は川に突っ込んでしまった。今度は、確かに飛行機はカタパルトに衝突し、頭が上がりお尻から突っ込んでしまったのだ(12-2)。機体は大破し、そしてその1週間後ライト兄弟の初飛行が報じられ、ラングレイの飛行機は終わったのである。

1回目の失敗の因子を考えよう。

1、飛行機は飛んでいなかったという意見を謙虚に受け止め、原点に帰り、カタパルトは飛行状態まで加速させ得たのかどうか？　射出力は充分だったのか？　カタパルトのメカニズムは必要機能を満足し得るものなのかどうか？　またカタパルトに固執せず、滑走離陸は考えなかったのか？

2、昇降舵、方向舵はあったのかという疑問に対しては、昇降舵は後の十文字の尾翼に方向舵は中央の縦安定板にあったようだ。かなり幼稚な設計に見える。系として考えていたのか否か？

3、驚くべきことに、マンリーは一度も操縦したことがなかったのだ。操縦ということに意識がなかったのか？　ライト兄弟が航空力学の知識についてラングレイの門を叩き、教えを乞うたときに丁寧に説明をしたラングレイが、なぜ操縦ということについて彼らに問わなかったのか？　彼らは300回もの操縦経験があったことをなぜ知ろうともしなかったのか？　知識は謙虚に求めるべきである。

4、写真（図12-3）を見る限り、プロペラはなんとも幼稚である。ライト兄弟が必要推力まで算出していたのに対し、どうだったのだろう？　失敗したら、原点に帰り、謙虚にこれらの反省を踏まえ、近道をせずオーソドックスな道を急いでたどるべきであった。

さて、エンジンは全開出力で10時間保てば良いとしている。この決定はマンリーが決めたのか、ラングレイの指示だったのかはわからないが、称賛に値する。この場合、飛行機は飛べばいいのだが、飛んですぐ落ちたのでは飛んだとはいえまい。1時間飛べれば充分、したがって10時間なら安全率は10である。

第10章のアデァが、飛べれば良いだけの飛行機に復水器を付けた例と比較すると、技術者としてのセンスの差が浮き彫りになる。目的を復習し目的に合致した設計が優れた設計である。

このことは現在の設計者にもいえることである。製品の耐久試験では目標時間をパスすればそれで良しとしがちであるが、本来はどこまで保つのかというところまで試験を行わなければ、その製品の安全率は不明のままである。安全率が大きすぎたなら製品は過剰品質、コストダウンが必要という評価が出てくるはずである。

エアロドロームとそのエンジンは、技術者にはセンスが必要ということを教えた貴重な事例である。センスは芸術作品にも音楽などにも繋がる。幅広い研鑽が必要である。

ところで、エンジンの設計に鬼才ぶりを発揮したマンリーは、その後エンジンを設計しなかった。不思議に思っていたが、なんと彼は2回目の墜落のあと、大破したエンジンを作り直す溶接作業中（バルブボックスの）、誤って失明してしまっていたのだ。不幸な天才エンジニアにいまさらながら、心からの冥福を捧げるものである。

# 第 13 章

## 日本初の国産 91 式戦闘機の原点となった
## ブリストルジュピターエンジン



### 中島戦闘機エンジン事始めの主

6月のイギリスは、「おお夏よ、久しかりけれ」というマダム・ノアイユの詩がつい口からこぼれそうな爽快な季節だ。2006 年のその日、私はイギリスに買い物に出掛けた。ブリストルジュピターを買うのだ。ロンドンの科学博物館のナーフム博士から鈴木さんの探していたジュピターがあったという朗報が入り、いそいそと日本大学の M 先生と連れ立って、このノアイユの空気の中に入っていったのである。のどかな草原と森が重なる田舎道、目的のビンテージエンジンテクノロジー社は中々見つからず、やっと探し当てた社屋は煉瓦造りの、頭がつかえそうな入口を持つ小屋だった。こんな農家小屋？　と、いぶかしげに中に入るとその奥に森影に隠れるようにハンガーが繋がっており、たちまちデ・ハビランド・ツアラー複葉機とか、グロスター・グラディエーター複葉戦闘機などの群の中に迷い込んだ。そして、くだんのジュピターⅥ型はエンジン架に載せられ、綺麗に磨かれて我々を待っていてくれたのである。

これより 1 年ほど前、東北地方の田舎の農家の小屋から陸軍の 91（キュウイチ）式戦闘機の胴体が見つかったというニュースが駆け巡り、さっそく旧知の小森正憲コモテック社長と連れ立って所沢航空博物館の倉庫に出掛け、1931 年（昭和 6 年）とは思えぬ近代的なモノコック構造の美しさに感動した。その後 M 先生の主導でこの胴体をベースに 91 式戦闘機を復元しようという話が起こり、肝心なエンジンはないものだろうか？　という話がきてこのイギリス行脚となったのである。復元プロジェクトに私も加わったが、エンジンの到着でプロジェクトは活気づき、重要な主翼の製作からどんどん進捗し始め、ロンドンの科学博物館

**図 13-1：ジュピターⅥ型**
ビンテージエンジンテクノロジー社のハンガーの奥に、ジュピターは化粧を済ませて待っていてくれた。Ⅵ型の、膨張補正用ロッドは１本である。

**図 13-2：91 式１型戦闘機（91 式戦闘機学術調査プロジェクト製作ワック株式会社）**
各シリンダ背後の成型鰭、流線形のスピンナ、それに繋がるエンジンカバー、特性のカウリングさらに脚ボス部まで覆った流線形カバーに少しでも空気抵抗を減らそうとした意気込みが見られる。
２型では金属製プロペラとなってスピンナカバーは外され、エンジンカバーは簡略され、タウンネンドカウリングとなり脚の成型カバーもなくなった。

も「NAKAJIMA・PROJECT」と称え、日本の科学博物館も賛意を表してくれた。

日本陸軍が初めて採用した純国産91式戦闘機には、当初ブリストルジュピターエンジンが搭載され7号機まで試作されたようだ。2号機まではジュピターⅥ型が、3号機以降は同Ⅶ型が搭載されたが、生産型はⅦ型エンジンの6号機がベースとなり91式1型が誕生した。ジュピターⅦ型450馬力は中島で国産化され「寿2型」460馬力となり、91式2型戦闘機に搭載され、以降中島のエンジンは「寿」から順次発展し、日本機の主要エンジンとして活躍するのである。

91式戦闘機の設計はフランスのニューポール社から招聘したマリー技師で、小山悌、大和田繁次郎技師が補佐した。後、小山悌技師はこれをベースに陸軍の主力戦闘機、97式、1式（隼）、2式（鍾馗）、4式（疾風）、キ87を生みだした。戦後米軍の評価で鍾馗は最も優秀な防空戦闘機、疾風は、第二次世界大戦中の最高傑作といわれるアメリカのP51戦闘機と互角に戦えるといわれ、日本最高の戦闘機と評価された。91式戦闘機はこれら戦闘機群の原点であるとともに、そのエンジンはまた、日本の航空エンジンの原点のひとつでもあった。

ジュピターエンジンはあとに述べるように、稼働時のシリンダの膨張

**図13-3：(a) ブリストルエンジンの背面、(b) 3連キャブレタとそれに繋がる吸気マニホールド（ロンドン科学博物館）**

キャブレタから出る混合気は3等分された1本ごとの通路に入る。その通路はエンジン背後の円形のパイプに繋がるが、その中はスパイラルに区切られたそれぞれの通路となっており、お互いが干渉されることなく決まったシリンダに入る、スパイラルにより混合気は均一化が計られる。苦心の策である。3連キャブレタの上に横に繋がるパイプは吸気暖気用の排気管である。

に伴うバルブクリアランスの増大を自動的に調整する機構や、キャブレタを3個束ねて使うことで、吸入混合気の各シリンダへの配分を均一化したという特徴を有していた。

## 養子として拾われ、英空軍の片腕に大成したブリストルエンジン

ジュピターエンジンの生まれを探ろう。設計者はロイ・フェッデン（A. H. Roy Fedden）で、彼は後年ブリストルの、否、英空軍の主力エンジンとして活躍するスリーブバルブエンジンの開発、生産を主導してSirの称号を得ている。

彼は1906年（明治36年）、ブリストル市にあるブラジル・ストレーカという小さな自動車工場に職を得、工業短大の夜学に通いながら2座の小型車などの設計を手掛けた。1914年、彼は弱冠29歳で同社の技師長となった。1916年、第一次世界大戦が勃発、同社は空軍省からの要求に応え、300馬力の空冷エンジンを製作したが同時にジュピターも開発した。1918年〜1919年に同社はコスモス・エンジニアリング社に買収されたが、1920年には倒産してしまった。今度は空軍省も巻き込んだ交渉の末、同社のエンジン開発部門は技術員も一緒にブリストル航空会社（Bristol Aeroplane Co.）に吸収された。タイムリーに同年8月のオリンピア航空ショーにはこのジュピターが展示でき、これが契機となって民間および世界各国からのライセンス契約が相次ぎ、同社は生き残ったばかりではなく発展の礎ともなった。また彼はエンジン部門の技師長としても活躍を続けることになるのである[13-1]。

ジュピターの出現以前の空冷航空エンジンは、冷却を補うためエンジン自体が回転するいわゆるロータリーエンジンであった。エンジン自体を振り回すのであるから、そのジャイロ効果で旋回性が阻害されたり、遠心力により潤滑油消費量が異常に多かったり、その弊害は大変なものであった。飛行機の速度が早くなり、当然、固定式の試みが出てくるわけであるが、そのトップバッターのABCエンジンはたちまち冷却不足で敗退した。ジュピターも固定式に挑戦、アルミヘッドに期待したが、やはり冷却不足による耐久性不足を喫してしまった。フェッデンはシリ

ンダヘッドの吸排気弁の間隔を拡げ、その間に冷却風を通すというギブソン型ヘッドを採用し、この問題を見事に克服していた[13-2]。

## 世界を驚かせ、魅了したバルブギャップ自動調節装置と3連キャブレタ

図13-4にバルブギャップ自動調節装置の原理を示す。

吸排気バルブはカムによって開閉する。周知のようにカムとは図示のように円弧上に突起を付けたもので、この突起によってバルブはプッシュロッドを経由して開く。バルブギャップとは図示のようにバルブの軸端とロッカーアームとの間にあらかじめ設けた隙間で、これによりバルブがキチンと閉まるようにするためのものである。

エンジンが起動するとシリンダは熱によって軸方向に膨張する。空冷は水冷に較べ、当然その膨張は大きい。膨張を押さえる棒（ロッド）を取り付けて、図示のように梃子を利用すればバルブギャップの増加は抑えられる。このアイデアは世界中を唸らせたようだ。日本では、100式

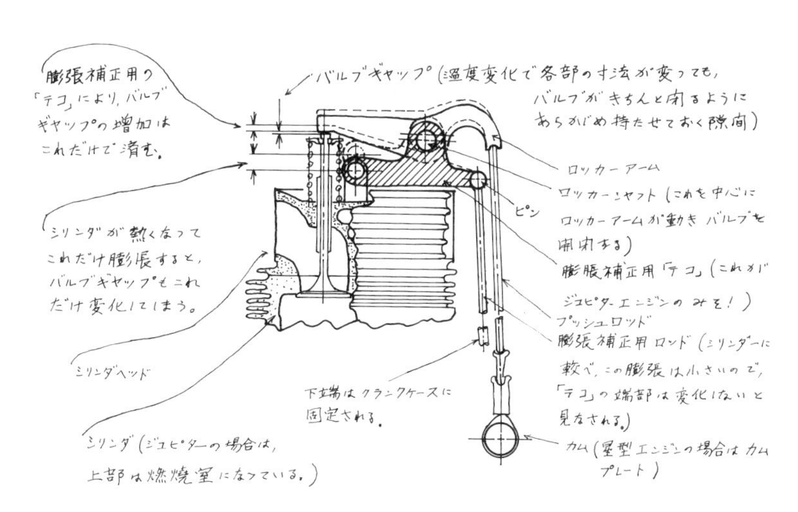


**図13-4：ジュピターエンジン独特のバルブギャップ自動調整装置**
膨張補正用のロッドが膨張せずに（少ない膨張で）固定され、膨張補正用の梃子がシリンダの膨張に伴って動き、それに繋がるロッカーアームの変位によりバルブギャップはその増加が抑制される。

空冷ディーゼルエンジンは、このアイデアを基にプッシュロッドを包むパイプに膨張補正用のロッドの機能を持たせ、同じように梃子を設けて対処していた(13-3)。

もうひとつの特徴、3連キャブレタについて触れる。キャブレタを出た混合気を多数のシリンダに均一に配分し、各シリンダの出力を均一にするという問題はエンジンの大きな問題である。空気だけを配分するディーゼルエンジンでも、あるいはシリンダ内直接噴射エンジンでもこの問題は重要である。有名なダイムラーベンツ DB601 航空エンジンはスーパーチャージャをエンジン側面に配置したが、このため左右バンクへの空気量配分が均等にならず、ついに左右の圧縮比を変えているほどである。ブリストル以前のロータリーエンジンではキャブレタをエンジンの回転中心に置いてやれば、その回転によって自然に均一に配分される。さらに気化という本来の目的も回転によって燃料が霧化するので、困難はなくキャブレタ自身すらなくてもよかった。

フェッデンが取ったアイデアはキャブレタを3個とし、それを束にして用いることであった。9シリンダであるから混合気を少なくとも均等に3分割することはできる。これをさらに3分割すればいきなり9分割するよりも容易となる。ただこの3分割も容易ではない。フェッデンはキャブレタからの混合気を螺旋状のパイプに通し、それを3本のパイプに分けて各シリンダに供給した(図13-3参照)。

話は飛ぶが、この困難な星形エンジンの配分問題はアームストロングシドレー社よって一挙に解決した。それは1926年に同社が開発したモングースエンジンに採用された装置で、瓢箪から駒というか、スーパーチャージャのインペラをクランクシャフトに直結しただけのもので、要するにスーパーチャージャの増速ギヤ部分をコストカットで外して見たら、配分が著しく改善されていたというものであった。この興味ある経緯は前著に述べたが、内燃機関の泰斗富塚清教授はこれをミクシングファンと名づけた。序ながらこのミクシングファンは、モングースの2年後に登場した日本初の国産エンジン「神風(しんぷう)」がちゃっかり取り付けており、それゆえの高性能が評価され「天風(てんぷう)」へ、と繋がるのである。東京瓦斯電気工業（通称ガス電・現日野自動車）技師長の星子勇が1921年にアームストロングシドレー社が発見していたミクシングファンの情報をいち早くキャッチし、活用したからであった(10-2)。

## 次々に改修、世界17ヵ国に拡販されたジュピター

ジュピターは次々と精力的に改良された。1918年のコスモスジュピターⅠ型、Ⅱ型、Ⅱ型はそのままブリストルⅡ型となり1932年のⅪF.Pまで23機種におよんだ。内容はバルブギャップコントロール付き（Ⅲ型以降）、鍛造製シリンダヘッドのF型、スーパーチャージャ付き、その中でmedium superchargedとfully superchargedとがあり、1928年にはなんとターボ付きまであった。出力はⅢ型までは400馬力、Ⅳ型で430馬力、Ⅴ型480馬力、Ⅵ型520馬力、以降ⅩFの540馬力が最高でそれ以降は、出力増加はない。

ジュピターは世界注視の的となり、日本を含む世界17ヵ国に輸出されるベストセラーエンジンとなった。

**図13-5：膨張補正用ロッドが2本のブリストルジュピターエンジン（ブリストル博物館）**

膨張補正用ロッドはⅥ型では1本、Ⅶ型では2本である。写真のエンジンはⅦ型と思われる。

### 空振りとなってしまった大きな買い物

91 式戦闘機の復元の話に戻ろう。復元は着々と進み、困難な主翼のリブもその本数をどんどん増していった。

そんな最中、突然、あるすじから待ったが掛かったのだ。いわく、

1、発見された胴体は 91 式 2 型のものであるから、復元も 2 型にすべきである。したがってエンジンは中島で国産化した「寿」エンジンでなければならぬ。

2、胴体は貴重なものであるから、何らかの手をつけてはいけない、そのままで保存すべきである。

というものであった。

次のような反論をした。

1、胴体は 2 型用であっても形状は 1 型とは変わらない。

2、1 型は日本陸軍の国産戦闘機の第 1 号であり、そのエンジンも国産エンジンの原点であり、それ自体が国産として優れたものにしようという技術者の意気込みが感じられる貴重なものである。

3、2 型は金属製のプロペラとなり、1 型に見られる流線形のスピンナキャップもなくなり、さらにそれに繋がるプッシュロッド周りまで覆うエンジンの流線形カバーも、また車輪軸受部の流線形カバーもなくなり技術者の意気込みが見えない。

4、胴体に手を加えず浮かせるような構造も検討できる。

エンジンも世界 17ヵ国でライセンス生産されて、10000 基近くも生産されたジュピターエンジンですらその中古は発見されず、M 先生はオーストラリアまで探しに出掛けたが発見されず、かろうじて 1 基がイギリスの田舎にあったもので、たとえ 2 型にするとしても日本の「寿」が見つかるとは思えなかった。

結局プロジェクトは解散し、所沢の博物館の一隅を借りた復元場所も

そこに運び込んだ治具、工作設備も撤収、翼のリブも廃棄された。

日本ではしかし、往々にして似たようなことが起こる。明治に根づいた官尊民卑の思想はジョン・ダワー（John W. Dower）やテンプル大学キングストン教授（Prof. Jeff Kingston）などからも指摘されているように、日本人の大きなマイナス文化である。つまりお上に絶対服従の精神は権威にも目上にも上司にも先輩にも、さらに権威でもなく権限もないけれども、権威モドキにも往々にして従ってしまうのである。モドキはときに幻影ですら権威となるのである。他人ごとではないこんな事件もかつて会社にあった。

トラックのキャブ（運転台）の設計評価の席で、あまりにも複雑な骨組みの理由を質したところ、キャブ高さの制限のためとのことであった。そこで不合理と思われる制限の理由を監督官庁に尋ねると、そんな制限規則も行政指導もないとのことで、かつて某教授が言いだし騒ぎになった事件以来の、ただ大学教授という権威に引きずられた幻影に怯え、いたずらに空回りした１コマであったのだ。

そしてモドキ自体も自己の立場を権威があるような錯覚にとらわれ、自他ともに幻影に踊らされ、かつその自覚もなく過ぎるのである。そんな幻影を打ち破ったクロネコヤマトの例は、日本では稀有な事例であろう。

ナーフム博士からNAKAJIMA-PROJECTの解散理由を問われて、「それは日本の文化」と答える他なかった。はるばる日本にやってきたジュピターは今、静かに眠っている。

# 第14章

## 優等生の席にちゃっかり座り込んで世界記録を立てた 川崎エンジン



### 名門生まれの川崎「ハ9」エンジン

前章で述べた91式戦闘機はイギリスのブリストルジュピターおよびその発展型の空冷星型エンジン、中島の「寿」であったが、次の92式（キュウニシキ）戦闘機はドイツのBMW6水冷V型エンジンの国産版、川崎の「ハ9」であった。91式戦闘機はモダンなパラソル型（翼が胴体の上にパラソルを拡げたように付く）であったが、92式の設計者フォークト博士はドイツ的な堅実な複葉を選び、川崎の土井武雄技師が補佐した。土井技師は92式のあと95式の複葉戦闘機、その後当時としては日本では珍しかった先の尖った水冷3式戦闘機「飛燕」を生むことになる。95式戦闘機は中国戦線で大活躍し、「飛燕」は太平洋戦争で、アメリカ空軍と対峙することになる。当初日本機と交戦し、一撃離脱式戦法で日本機に勝てると安心し始めた連合国軍側は、対「飛燕」では離脱しても急降下で追いつかれ、その高性能に大いに慌てさせられることになる。

ただし飛燕のエンジンはダイムラーDB601型のライセンス生産であったが、当時の日本製転がり軸受のコロの精度不良がたたり、信頼性がいまひとつだったが、出力アップの2型で、ついに生産不能という大事件を起こすことになってしまう。ベアリングが焼き付くのである。このことは拙著で詳述したので(13-2)、ここで、前任92式戦闘機の川崎BMWエンジンに話を移そう。

BMW（Bayerische Motoren Werke）はプロペラのマークが示すように自動車、オートバイのみならず航空エンジンの老舗でもあり、第一次世界大戦ではドイツのフォッカーD戦闘機などに搭載されて活躍した（BMW Ⅲ、直列6シリンダ、19リッター、185馬力？）。川崎がラ

**図14-1：BMWVI型エンジン（自然吸気）** (14-1)

(a) 横断面図　立派なケージ（保持器）を備えた転がり軸受のコンロッド大端部が良くわかる。

(b) 縦断面図　初期の自然吸気バージョンである。

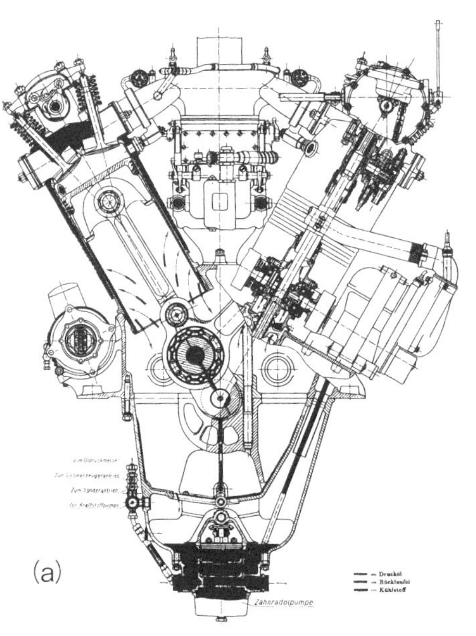


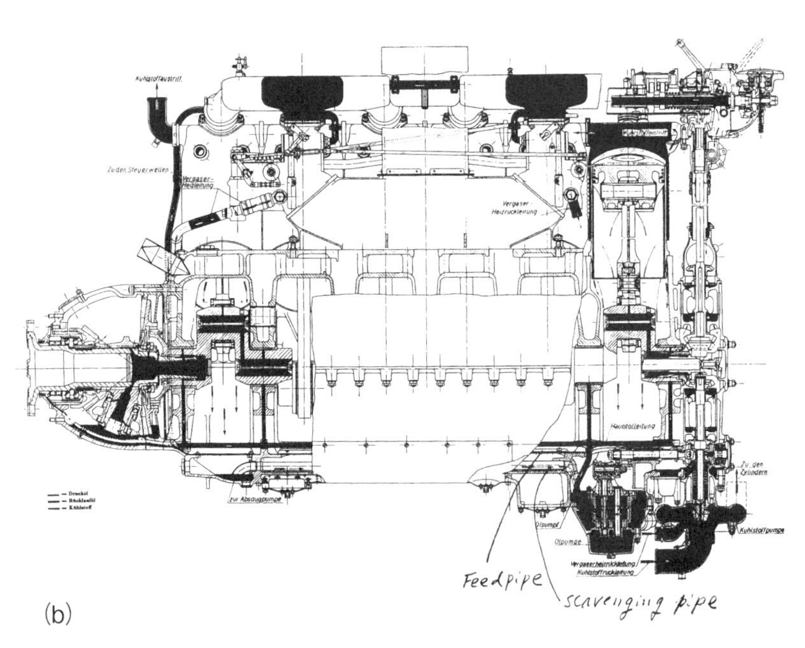

イセンス生産したのはBMW Ⅵ型で1925年に出現したものである。水冷V型12シリンダ、ガソリンエンジンで、ボア×ストローク= 160mm × 190mm=46.9リッター。出力は原典[14-1]によると、690PS（508kW）/1650rpmである。国産化エンジンは「川崎ハ9」であるが搭載機種により出力は以下のように異なる。

92式戦闘機　：川崎BMW650馬力
93式軽爆撃機：BMW755馬力
95式戦闘機　：ハ9Ⅱ 880馬力（離陸馬力）
98式軽爆撃機：ハ9Ⅱ乙 950馬力

原型は自然吸気（無過給）であるが日野21世紀センターにあるものは過給エンジンであるので、恐らく93式軽爆撃機以降のもので過給機付きとなったのであろうと推定する。このハ9エンジンが航研機用として選ばれ、航空研究所によって過給機は外されて改造され、世界記録樹立に至るのである。

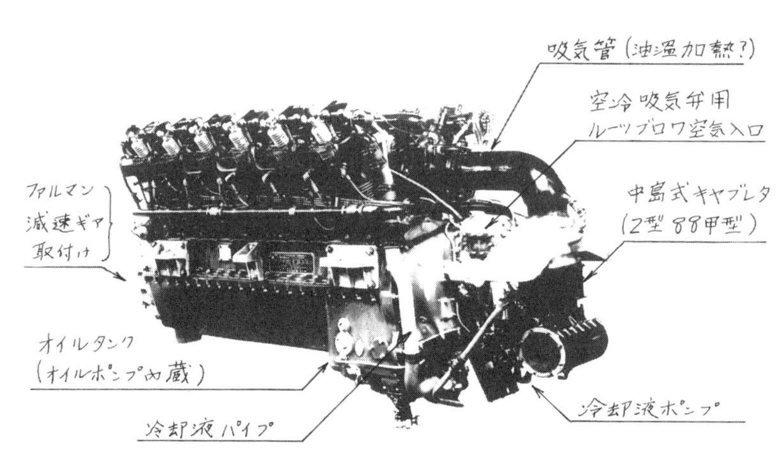


**図14-2：航研機用エンジン**
BMWエンジンは国産化され、途中から過給機付きとなったが、航研機では外され、替わって多くの改造部が付加された。主な改造点は希薄燃焼、それに伴う排気温度上昇対策の空気冷却排気弁および専用キャブレタの採用である。

### 航研機エンジンの座を射止めた川崎ハ９エンジン

この経緯については当時の立役者、東京大学の富塚清教授の著書である『航研機』に詳述されているが、ポイントを記すことにしよう。

そもそも航空研究所が飛行機の航続距離記録に挑もうとなったきっかけは、同研究所で研究開発中の750馬力航空ディーゼルエンジンを目玉にしようということであった。文部省からの研究費も獲得でき、実施の方向で動き出していた。これに真っ向から反対したのが富塚教授で、ディーゼルはまだ揺籃期、航続距離を狙うならロングランに耐える堅実なエンジンにすべきということでBMWに白羽の矢を立て、研究計画をやり直しさせたのである。今考えると当時、世界のいわば流行にのって航空ディーゼルに挑戦したメーカーはすべて敗退、ひとりユンカースが成功したかに見えたが、ハンス・リスト博士の評価では、それすらLimited Successといわれており、富塚教授の技術判断が極めて適切であったことがわかる[14-3]。

航研機とは、東京大学の航空研究所試作長距離機の略で、同研究所が基本設計を推進、この飛行機で世界記録を樹立しようとなったものである。しかしこの試作を受けようという会社はどこもなかった。考えてみればあたり前で、その飛行機はただ遠くまで飛べるというだけで、爆撃機にも偵察機にも輸送機にもならず、たった１機の試作のみで、その試作費も文部省の予算では到底足りなかった。各社は軍用機の生産で目一杯というもっともな理由で断っていたのであるが、なんとガス電（東京瓦斯電気工業、現日野自動車）が手を挙げたのである。トラック製造会社である。これは同社星子勇専務の尊崇すべき信念によるものであった。同社は元々名の通りガス灯の部品などを作る会社として生まれたのであるが、第一次世界大戦後の1917年（大正６年）、松方五郎社長の決断で自動車製造に進出、技術総師として星子勇が迎えられた。星子の信念は「日本は将来必ず戦争に巻き込まれる。そうなれば自動車製造業は必ず航空機の製造をなさねばならなくなる。したがって自動車製造業者となるならば、常に航空機製造の技術を磨いておかねばならぬ。それには自分で開発もできなければならぬ。ただし本業は自動車であるから第一線での Fighting Plane の必要はない、側援機でいい」というものであった。星子の予測は約 30 年後の 1944 年、全くその通りの展開になったのである。自動車各社は軍の緊急命令で飛行機の生産を命じられ、ガス電の「初風」エンジンは日産が、「天風」エンジンはトヨタが生産。ガス電航空機部は軍命により日立航空機となって拡張され側援機を一手に引き受けたのである。

さて、航研機は当時の航空機の最先端技術をすべて取り入れていた。一方、ガス電は自作の小型旅客機を製造はしていたが、側援機とはいえ、急速に進歩する飛行機の構造とはかけ離れる一方の状態であった。そこに降って湧いたような最新技術の塊を作る、しかもうまくすればそれで世界記録も狙えるということで、星子は松方社長を説得し、引き受けたのである。

航研機用となった BMW エンジンの図 14-2 を改めて見よう。図の右側がエンジン後部になるが、そこにあったスーパーチャージャが外され、色々なものが取り付けられている。まず、燃料消費対策として希薄燃焼（空燃比約 17）が実施されたが、それによる排気温度上昇に伴う排気弁の損傷対策のために空気冷却弁を採用したが、その冷却空気、送風用のガス電製ルーツブロワが取り付けられている。後下端には希薄混合気用の中島式キャブレタが付けられているが、これはガス電計器部（のち東京機器として独立）製である。また、潤滑油のフィードポンプ（供給ポンプ）とスカベンジングポンプ（吸い込みポンプ）を包み込んでオイルタンクを設けたものと推定して示した。オリジナルのエンジンはプロペラ直結式であるが、プロペラ効率を上げるため、ファルマン減速ギアを前端に取り付けた。

図 14-3 は航研機である。日野 21 世紀センターに展示されている 1/5 模型であるが、航研機の構造を忠実に再現している。中央翼がジュラルミン製、外翼はジュラルミンリブの羽布張りである（模型のリブは木製）。中央翼がインテグラルタンクといって翼そのものが燃料タンクとなり、燃料搭載量が増やせる。四角の引込み脚カバーがわかるが、これは離着時には写真のように閉まっており、引き込み時は、折戸のカバー

図 14-3：航研機 1/5 模型（細谷龍太郎指揮　日野生産技術部作／日野 21 世紀センター）
一定でないリブ間隔など細部まで忠実に再現、構造がよくわかる。

が開く。プロペラは一定速度における効率優先のため木製とし、エンジン回転の 0.621 に減速される。胴体はジュラルミン製モノコック構造である(14-2)(14-3)。そして航研機は、1938 年（昭和 13 年）5 月 13 日に羽田空港を離陸 15 日まで飛び続け、日本は初めての世界記録（周回航続距離 11651km）を樹立したのである（今、東京～ニューヨーク間、直線距離で約 11400km を定期便が飛んでいる）。

## 転がり軸受を排し、平軸受にしていた航研機のエンジン

既述の「飛燕」戦闘機の生産不能という大事件は、当時の転がり軸受の精度が悪く、ダイムラーDB601 を国産化した「ハ 40」エンジンのクランクシャフトの軸受部が焼き付いてしまうというものであった。

一方、オリジナルの BMW エンジンは図 14-1（a）に示すように、そのコンロッド軸受は立派なケージ（ころの保持器）に支えられた転がり軸受（ローラベアリング）であるが、国産化した「ハ 9」エンジンは図

**図 14-4：川崎 BMW のカットエンジン（日野 21 世紀センター）**
航研機のエンジンのベースである。
(a) 中央メインジャーナルの左がコンロッド大端部のカット。大端部が中央部で左右にカットされ平軸受が覗いているのがわかる。
(b) 中央のスルーボルトで、ベアリングキャップを兼用した下部クランクケースが止められているのがよくわかる。

14-4（a）（b）のカット断面でわかるように平軸受に変更されていたのである。

なぜ、コンロッドの軸受が焼き付くのか？　というのはいささかややこしいので、同じ V 型 12 シリンダのダイムラーベンツの解析例を参考に技術話としてまとめ、後述する。

ところで、どうやら不安定な日本製転がり軸受をさっさと捨て、平軸受に乗り換え、無難に発展させた技術思想は川崎の発想か BMW の発想かわからないが立派であった。しかし後年、この優れた先人の思想を継承できず、飛燕の悲劇を生んでしまったのはなぜだろうか？　その反省を踏まえ再発防止策はできているのであろうか？

転がり軸受に替えて平軸受を採用した全く類似の「初風」の事例については前著で述べた(2-1)。

また再発防止策とは、設計基準書、実験標準書を常に整えそれらを順

守する開発手順書の整備に他ならない。

技術話：周知のように4ストロークサイクルでは吸気、圧縮、爆発、排気の各行程を行うため、エンジンは2回転する。2回転の間にクランクピンすなわちコンロッド大端部にどのような荷重が掛かるかを計算すると、図14-5のようになる。これは軸（クランクピン）中心から放射線状に各回転位置での荷重を示したもので、ポーラーロード線図（Polar Load Diagram）と呼ばれる。この図からわかるように、このエンジン（DB601）は2回転中に2つの大きな荷重（約7000kgf）が掛

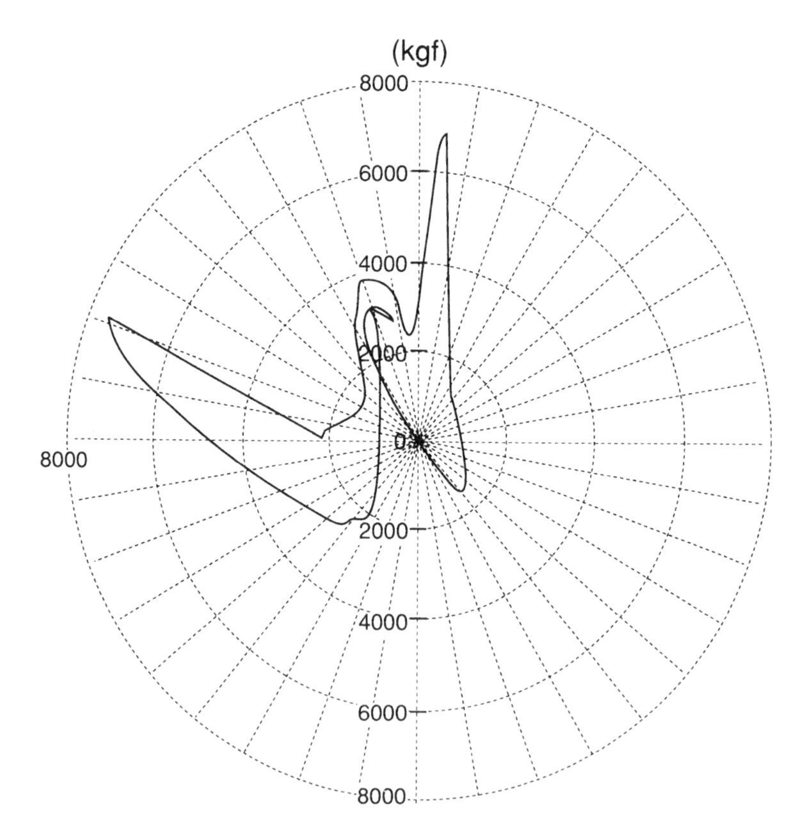


**図14-5：ダイムラーベンツDB601エンジンのマスターロッド大端ベアリングの推定計算によるポーラーロード線図（クランク軸回転角ごとの荷重線図）**
左右バンクの爆発荷重が2つのピークで示されている。

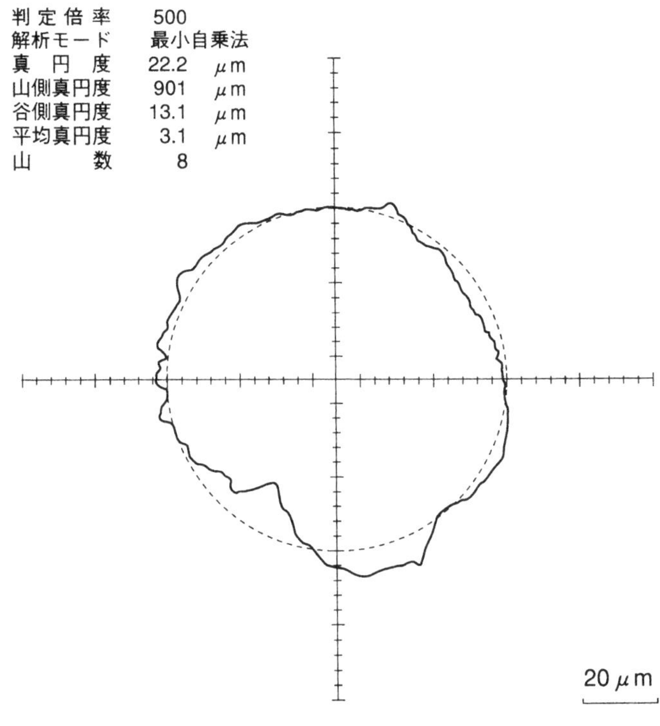


**図 14-6：ダイムラーベンツ DB601 の国産版ハ 40 エンジンのローラ（ころ）の寸法精度（真円度）の一例（かかみがはら航空博物館および光洋精工株式会社の御尽力、御厚意による）**

最も悪い方の例である。第二次世界大戦中、国産転がり軸受の精度不良は焼き付きの危険があるという警告は東北大学の成瀬政男教授から発せられていた (14-4)。

かることがわかる。これはV型のシリンダ配列から必然的に生ずるもので、各々左右のバンクでの爆発行程でのピークである。設計時には瞬間的にこのときに潤滑油の油膜がどのくらいの厚さになっているかを計算し、軸とベアリングとが固体接触がすることがないかどうかを確認し、その危険がある場合には荷重を受け持つ面積を大きくするとかの処置を取るのである。

もちろん、油膜は潤滑油の粘度とか温度などで変わるので、決められた評価条件で判断するのである。

油膜の最小限界厚さは1 μ（ミクロン、1/1000mm）で、固体接触を避けるためには摩擦面の表面粗さは1 μ以下でなければならない。当時の飛燕のエンジンはどうであったか？

幸いにして1998年、かかみがはら航空博物館に保管中の現物が計測できた。図14-6に悪い例を示すが、なんと20 μものひどいものも存在していたことがわかった(13-2)。これでは当然焼き付くことになろう。当時のオリジナル（SKF）は1 μ以下であった。蛇足ながら今日、日本のベアリング精度は世界一といわれ、ボールベアリングではパチンコの玉ですら5 μ、超精密のボールベアリング用では0.08 μ程度のことである。

# 第15章

## サン・テグジュペリに愛され、山本五十六も誘って星に向かった
# アリソンエンジン



### それはマルセイユ沖の海中で60年間待っていた

大人も誘われる童話、『星の王子様』のサン・テグジュペリは第二次世界大戦の末期1944年（昭和19年）の7月31日、自由フランス空軍のロッキードP38戦闘・偵察機を駆って、かのナポレオンの生まれ故郷コルシカ島に急ごしらえされた鉄の滑走路を蹴った。太平洋戦線だけでなくヨーロッパ戦線でもマーストン・マッテイング（マーストン発明のマット）と呼ばれた米軍の鉄の滑走路は使われていたのだ[11-8]。すでに連合軍はフランスのノルマンデイーに上陸、ドイツ軍の抵抗を排除しつつじわじわとフランス本土を侵攻しつつあった。サン・テグジュペリの目的は偵察機型の同機によるグルノーブル地区（今日ワインと美食の都、リヨンの東南）のドイツ軍陣地の偵察であった。

しかしサン・テグジュペリ機は帰投時刻の正午を過ぎても基地にその機影は現れず、燃料の尽きる14時30分になってもレーダーにはなにも映らなかった。この高名な作家の行方不明は戦後になっても世界の謎となり、多くの憶測が飛び交い、彼は星に帰ったのさ、といわれていた。ところが、60年も経った2004年の4月7日、フランス文化省はこの搭乗機がマルセイユ沖の海中から見つかったと発表、いわば世紀の謎の論争は決着したと新聞は書いた。それはP38に搭載されていたアリソンエンジンに接続されていたターボチャージャ（排気エネルギーでタービンを回し、同軸のコンプレッサで圧縮空気をエンジンに吸入させ出力を向上する装置）の製造番号が彼の搭乗機のものと一致していたからだとのことであった。

日本の飛行機がもし同じように海中から引き上げられたなら、そのエ

ンジン部品の製造番号から搭乗員が特定できるであろうか？　第二次世界大戦中にすでにアメリカはここまで製造管理技術が進んでいたのだ。

話は飛ぶが、1998年の春、デトロイトディーゼル社の主力トラックエンジン、シリーズ60型の生産工場を見学した。このエンジンの前任は、有名なチャールズ・ケタリング（Charles Kettering）が1933年に設計し、まさに一世を風靡した2ストロークサイクルディーゼルであったが、1980年代に入り急速に市場性を失い、そのシェアは4％にも落ち、デトロイトディーゼルディビジョンは一ディーラーの親方であったロジャー・Sペンスキ（Roger S. Penske）に買収された。起死回生の特効薬としてペンスキが期待したのが同社のデヴィッドF・メリオン（David F Merrion）が心血を注いで開発したシリーズ60型エンジンで、当時市場から好評に迎えられ、シェアは急速に回復しつつあったものである[(11-8)]。

この見学で驚いたことはエンジン各部のボルトの締め付けトルク（ボルトを締め付けたときの力）がエンジンの製造番号、性能データーと一緒にすべて自動記録され、その記録されたタグがエンジンに添付され、どのユーザーにいつ納められたかが検索できる管理体制が整っていたことであった（日野の現状はどうなのか？　老婆心はきりがないが……）。

## サン・テグジュペリはアリソンエンジンに両側から抱えられて消えた

サン・テグジュペリの搭乗機ロッキードP38を見よう（図15-1（a）（b）参照）。流麗な設計を次々にものにしたケリー・ジョンソンの設計になる双発双胴の戦闘機である。ターボチャージャ付きエンジンの特徴を生かし、高空を高速で駆けめぐり、高空から一気の急降下で一撃離脱するこの飛行機には、ゼロ戦の優れた格闘戦能力もおいてけぼりとなり、日本はてこずったのである。サン・テグジュペリが消えた前年1943年の4月18日、日本連合艦隊の山本五十六長官もP38のこの奇襲で消えていたのだ。10000メートルの高空性能を誇るP38を駆って

**図 15-1 (a)：ロッキード P38 戦闘機**
低空を飛び抜ける姿は流麗である。胴体の真ん中の膨らみはラジエータである。ターボチャージャのインタークーラは当初主翼前縁に付けられていたが、冷却能力不足でエンジンのノッキング、さらにエンジンの破損を招きエンジンの先端部に取り付けられた。このため先端形状は膨らんだ。

**図 15-1 (b)：乗用車のように広い操縦席**
操縦悍ではなく、丸ハンドル型である。両側まぢかのエンジンナセルに抱えられる感じ。



サン・テグジュペリはどうして消えたのだろう。どうやら地中海のエメラルドに魅せられて舞い降りてしまい、ドイツ空軍のフォッケウルフFW109 戦闘機に食われたのだろうともいわれている。

さて、ここで彼の搭乗機のアリソンエンジンを見よう。P38 は高空での高性能を誇るが、これはターボチャージャの装着によるものである。しかし、それはなんとエンジン誕生時から考えられていたのだ。

1930 年の初め、GM（ジェネラルモータース）社アリソンディビジョンのノーマン・ジルマン（Norman Gilman）は新航空エンジンのスケッチを描き上げた。その液冷 V12 型エンジンはターボチャージャ付きであったのだ。

ターボインタークーラ（ターボチャージャからの空気を冷却器で冷や

**図 15-2（a）：ルノー300CV、300 馬力ターボ、インタークーラ付きエンジン（1916 年／ル・ブルジェ航空博物館蔵）**
ターボチャージャはエンジン後端、大きなインタークーラがエンジン左側側面に置かれ吸気マニホールドへの配管がわかる。

**図 15-2 (b)：ブレゲーXⅣ型、偵察・爆撃機（1917 年）**
ルノー300CV を搭載し、戦後は旅客機となり、パリ、ロンドン、ブリュッセル、カプールを飛んだ。空気抵抗の少ない高高度飛行はまだ実用には遠く、ターボ、インタークーラのメリットも注目されなかったようだ。

す）付き航空エンジンの元祖は 1916 年のルノー300CV で、これを搭載したブレゲーXⅣ型機は第一次世界大戦後パリ、ロンドン、ブリュッセル、カプール線に 4 人乗り旅客機として活躍したが、ターボインタークーラの効果は聞こえてこない。一方、アメリカでは GE（ジェネラルエレクトリック）社製のターボチャージャが初めてリバティ高空エンジンに搭載され、テストされたのは 1920 年であった。これを積んだル・ペ

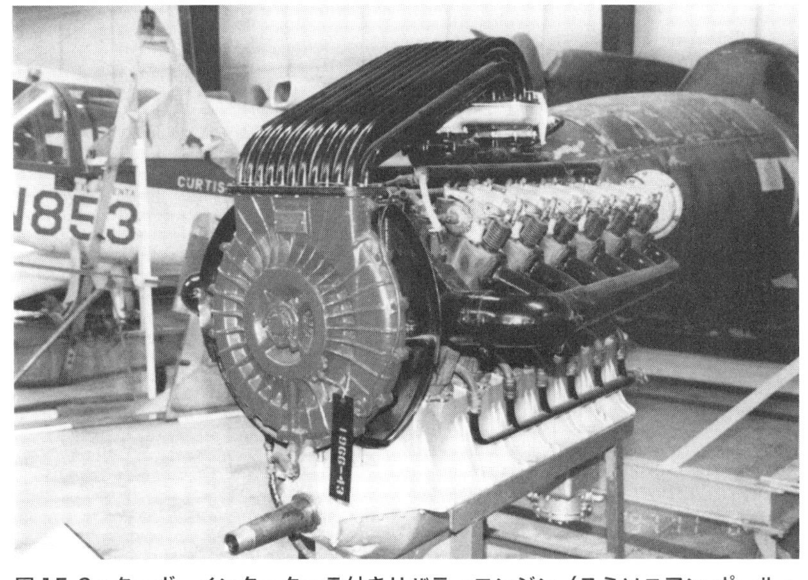


**図 15-3：ターボ、インタークーラ付きリバティエンジン（スミソニアン ポール・E・ガーバー施設）**

前面の２つの大きな洗面器のような内側が排気タービン、外側がコンプレッサ、この組み合わせがターボチャージャである（図 15-5 参照）。コンプレッサから多数のパイプがキャブレタに繋がれているが、このパイプ群がインタークーラで、これを空気にさらして冷やす。コンプレッサへの空気入口は右下の膨らみ、タービンからの排気は同じくタービン側の右下に見える口と思われる。このエンジンを積んでル・ペール C11 型機は 1921 年に 11172m の高度記録を樹立した。

ール（Le Pere）C-11 型機が同年 10066m、翌 1921 年には 11172m の高度記録を樹立し、ターボインタークーラの効果を証明していた。ジルマンが当初からターボの装着を思い描いていたのは、これらの経緯の結果であったのであろう。

GM のアリソン・ディビジョンはインディ500 マイルレースの下請けとして 1915 年に設立されたが、第一次世界大戦でいきなり航空エンジンの緊急開発を引き受け完成させたのがリバティ V12 エンジンである。この主導者がジルマンであった。

ジルマンはリバティエンジンで多くの経験を積んだが、コンロッドベアリングの焼き付きに散々悩まされて行きついたのが、今日、すべてのエンジンで採用されているスチールバック薄肉シェル軸受（外周を1～2mm程度の鋼板、内周に軸受材を熔着した軸受）である。なおアリソンの語原はディビジョンのチーフ　ジム・アリソン（Jim Allison）であるが、彼は1928年に急死してしまった[15-1]。

アリソンV1710エンジンは、陸海軍の戦闘機、爆撃機、など実に多くの機体に搭載され、さらに過給機、燃料系（キャブレタ、燃料噴射系）、点火系などなど構造系の変化を含め、そのバージョンは、147種類におよぶ[15-1]。ただジルマンは1937年に他界してしまい、初期の数バージョン以降は後任のロン・ハーゼン（Ron Hazen）の設計によるものである。

図15-4にアリソンV1710（1710in$^3$、28リッター）エンジンを示す。バージョン型式は85で、地上馬力1200馬力（880kW）/2600rpmのベルP39戦闘機用である。くだんのP38戦闘機用にも多くのバージョンがあるが諸元上最強のものは1425馬力（1080kW）/3000rpm高度9000mまで、この出力をキープする。

このエンジンは第二次世界大戦劈頭（へきとう）のハワイ海戦以降ゼロ戦と対峙したカーチスP40戦闘機に最も多く使われたが、同時期に搭載したノースアメリカンP51戦闘機は元来イギリス空軍から発注されたこともあってロールスロイスエンジンに換装したところ、がぜん高空性能で抜群の高性能を示し、P51戦闘機は以降、アメリカ製パッカードマーリンエンジンが搭載された。マーリンエンジンのスーパーチャージャ（通常はクランクシャフトからの増速ギヤ経由の遠心コンプレッサ）は有名なスタンレー・フッカー（Sir Stanley Hooker）の設計になるものである。彼はロールスロイスに就職したときはスーパーチャージャを知らず、たまたま目にした実験で何をしているのかを尋ねてその空気流れが気になり、自分流に計算して上司に示し、それが契機となって同社のスーパーチャージャを引き受け、後年はイギリスのジェットエンジンの設計も引き受けることになるのである。ロールスロイスエンジンは彼の手が入ったXX型から急速に性能が向上、61型で2段過給を採用、この好設計の過給機はエンジン本体に難なく収まり、P51戦闘機もこれに換装され

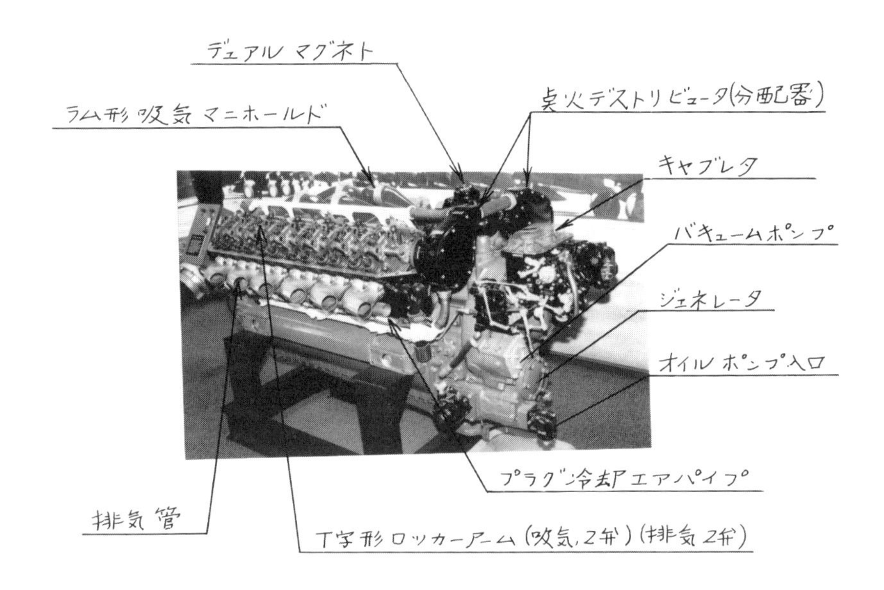


**図 15-4：アリソン 1710-85 型液冷 V12 エンジン（カラマズ航空博物館）**
ボア×ストローク＝140mm × 152mm、28 リッター。
1200 馬力（880kW）/3000rpm 地上出力。
1125 馬力（827kW）/3000rpm 高度 4800m、ベル P39 戦闘機用。
遠心式スーパーチャージャを内蔵する。カムシャフトはカバーが外されているのでわかるが、カムシャフト 1 本の SOHC（シングルオーバーヘッドカム）、4 弁式である。T 字形のロッカーアームの T の両端部で吸気または排気弁各 2 本ずつを受け持つ。
写真でははっきりしないが、妙に膨れ上がった吸気マニホールドはラム式と称し吸気パイプ部を絞って脈動のラム圧を利用し、吸気効率の若干の向上を計ったものである。スーパーチャージャから抽気して点火プラグを冷却している。バンクごとのマグネトを 2 個束ねたデュアルマグネトをバンク間に置き、バンクごとのデストリビュータを経て点火させる。

たのである。この経緯はアリソンエンジンとの格差を目立たせたが、キャノピーの配置による制約がない P38 では、かなり大きなターボチャージャも悠々収まり、高空性能を存分に発揮できたのであろう。図 15-5 に GE のターボチャージャを示すが、これに接続する吸気管、排気管のスペースを考えると、機械式過給機の方がずっとコンパクトになる。P51 は、たまたま名設計者フッカーの手になるコンパクトな 2 段過給機を内蔵したマーリンエンジンが搭載され、アリソンエンジンを駆逐してしまったかに見える。いわば、アリソンが土俵に上がらないうちに軍配はマーリンに上がっていたようなものである。

**図 15-5：GE 社製ターボチャージャ**
このターボチャージャは第二次世界大戦中、B17、B24、B29 などの爆撃機、P38、P47 などの戦闘機他多数の航空機に搭載され、ターボチャージャが作れなかった日本、ドイツを圧倒した。ただしドイツのユンカース高空ディーゼルだけは、低い排気温度ゆえの耐熱合金の制約がなく、世界初のターボ 2 段過給によりイギリスを狼狽させていた[11-8]。

# 第 16 章

## お腹が大きいミス・ビードルを追っかけた男
# P&W エンジンとライトエンジン

### 太平洋を初横断した「ワスプ」と大西洋を初横断した「ホワールウインド」

「その方はそんなに美人なんですか？」

わざわざ青森までオッカケに出掛けると聞いてくそまじめな K さんが本気で心配して聞いてきた。

「そりゃもう生きていたクレオパトラさ」と冗談めかしに答えていたが、「ミス・ビードル」という飛行機を見に行くのだとわかって、「また飛行機ですか！」と言って電話は切られた。

ミス・ビードル（Miss Veedol）とは 1931 年（昭和 6 年）、青森県の淋代海岸からクライド・パングボーンとヒュー・ハーンドンの 2 人の飛行士によって初めて太平洋の横断飛行を成し遂げたベランカという飛行機である。そのレプリカが三沢の航空科学館にあるが、ミスなのに大きなお腹が目立つのだ。この飛行の 80 周年記念に、淋代に近接する三沢で、当時そのままのエンジンを付けたビードルがアメリカから運ばれ、飛ぶというので前夜から泊り込んだのである。

ところが当日は朝からの豪雨であった。ともかく飛行場で待機した。しかし、ミス・ビードルは雨の中で難なくエンジンを始動し（往時淋代出発時は手動でプロペラを回したのだろうか？）、滑走路に向かって滑り出していた。式典は雨天のためテントの中で、この日のために伊東芳輝氏により作曲された記念楽曲「No need a reason to fly」（直訳：飛ばなきゃならない訳などいらない／日本曲名：輝く空があるから）が響いていた。

やがて、あのレシプロ独特のエンジンの咆哮（ほうこう）が響いてきたと思うや、超低空でビードルがやって来たのである。雨の中をあたかも太平洋の波

**図 16-1：ミス・ビードル〔Miss Veedol〕（青森航空科学館）**
精巧にできているレプリカである。原型はベランカ（Bellanca）スカイロケット輸送機であった。輸送機の諸元：全幅 14.12m、全長 8.50m、全備重量 2090kg、乗員 1 名、乗客 5 名。エンジン P&W ワスプ 425 馬力（312kW）。この飛行機を太平洋横断のため、まず 3600 リッターを入れるタンクを増設した。そのため後部座席および機体前部の底をガソリンタンクとした。こうしてお腹はすっかり膨れたのだ。さらに空気抵抗を少しでも減らすため、離陸後車輪を落下させることとし、オレオ（緩衝装置）以下の脚柱をピンで止め、このピンを座席から抜けるように紐を付けた。実際にはこのピンは座席からでは抜けず、パングボーンが漆黒の太平洋上で機外に這い出して抜いた。

**図 16-2：土砂降りの雨の中を滑走路に向かうミス・ビードル**

しぶきを浴び苦闘しているかのごとく、テントをかすめた。その迫力はまさに夢のようであった。ビードルのこの背景を醸し出すために絶好の雨を降らせた低気圧に！　あるいは神に！　感謝せずにはいられない。

ミス・ビードルのエンジンは1931年の太平洋横断時と同じプラット・アンド・ホイットニー（P&W）「ワスプ」R1340型、空冷星型9シリンダである。

驚くべきことに、このような有名な古典エンジンは現在もなお生産されている。その生産工場、ロスアンジェルスのエアークラフトシリンダ・タービン社（Aircraft Cylinder & Turbine Co.）を、たまたま2000年に訪問していた。そこではP&Wの他にライトサイクロン、ライカミングなど、世界中の博物館などからの注文をさばいている流れ作業の現場に驚き、そして圧倒された。生産は月産10基とのことであった。ワスプR1340型もちょうど流れていたが、その表示は500馬力（368kW）であった。ビードルは425馬力（313kW）であったので、その後同型ながら馬力アップしたのだろう。

**図16-3：P&W 9シリンダ空冷星型ワスプエンジン（青森航空科学館）**
ボア×ストローク＝146mm × 146mm、22リッター、425馬力（312kW）。

**図 16-4：エアークラフトシリンダ・タービン会社（Aircraft Cylinder & Turbine Co.）ででき上がったエンジンの出荷試験**
写真はライトサイクロンのようだが、屋外のトラックの上でこのようにテストされる。轟音とともにエンジンがすっ飛んで来そうである！

ところで1927年（昭和2年）、つまり、ミス・ビードルの壮挙より4年前、チャールズ・リンドバーグ（Charles Lindbergh）が、大西洋を越えニューヨーク－パリ間の単独無着陸飛行を成し遂げた。この飛行機ライアンNYP1型のエンジンはライト・ホワールウインドJ-5型であった。ホワールウインドはアメリカ最初の本格的生産型の空冷星型で、ライト社のフレデリック・レンチュラー（Frederick B. Rentschler）とジョージ・ミード（George. J. Mead）の設計である。ところが太平洋初横断のこのミス・ビードルのP&Wワスプエンジンも両人の設計なのである。そもそもミス・ビードル追っかけの原点は、この銘すべきエンジンの咆哮（Roar）に接したかったからであった。

## 研究開発費を捨て身で稼いだレンチュラー

さて、アメリカの本格的空冷星型エンジンは、第一次世界大戦後チャールズ・ローレンス（Charles Lawrence）がフランスの3シリンダ星型エンジン（ドーバー海峡を初横断したアンザニエンジンではないかといわれる）をベースに、9シリンダ星型エンジンを製作したのが原点である（これ以前にもバルツァーとかマンリーとかの名エンジンは存在した）。星型の軽量簡便の特性が、艦載機に適するのではないかと目をつけた海軍大将モフェット（Admiral Moffett）がこのエンジンの早急な生産をライト社に打診した。ローレンスはまだ工場を持っていなかったからである。ライト社のトップであったレンチュラーは、ローレンスエンジンは基本的に再設計が必要と見抜いたが、ゼロから開発するよりはベターと判断し合意した。ローレンスの会社を吸収し、部下のミードを設計主務者として再設計し開発したのが、このライト・ホワールウインドエンジンであった。

ライト・ホワールウインドはリンドバーグの成功で名声を博したが、ライト社の役員会は研究開発費の必要性に理解がなく、彼が意図する次期エンジンの研究開発は制約されていた。レンチュラーは工作機械メーカーのP&W社の工場に、ちょうど空きがあるのに目をつけ、ミードの設計になる次期エンジンをその一隅で開発することを策し、P&W社と交渉、ついにP&W航空機会社を設立した。1925年であった。設立資金は100万ドルであったが、同社所有権の半分はP&W工作機械部門が持った。新エンジン「ワスプ」はモフェット大将の理解するところとなり、試作費として9万ドルが海軍から支給されたが、これは初期投資資金としてきわめて大きかった。ワスプはその後発展し、2重星型ダブルワプスさらに4重星型などに進歩していくのである。

一方レンチュラーに出奔され、P&W社の優秀な新エンジン、ワスプの出現に驚いたライト社は1926年、自社の6種類のエンジンすべてを整理、ホワールウインドエンジンの後継機ライトサイクロンエンジンの開発にP. B. テイラー（P. B. Taylor）をチーフエンジニアとし、優秀なE.T. ジョーンズ（E. T. Jones）およびシリンダヘッドの改良で名を成したアームストロング・シドレー社（Armstorong Siddeley Co.）から招聘したサム・ヘロン（Sam Heron）をメンバーとして、全社の勢力を集中した（中途半端を嫌ったこの方針も立派であった）。これが功を奏しライトサイクロンは成功し、のち、2重星型さらにターボコンパウンドに発展するのである[(16-1)(16-2)(16-3)]。

※備考：内燃機関学の泰斗テイラー博士は、C. F. Taylor で別人

## アメリカを空冷エンジン王国と成し、第二次世界大戦の勝利に導いた

かくてアメリカの空冷エンジンは、同一人物が開発したこの2つの名エンジンが、2つのライバル会社となって、お互いに成長し斯界をリードしたのである。第二次世界大戦のドイツも日本もライトエンジン付きの爆撃機により瓦礫と化し（ヨーロッパはボーイング B17、日本はボーイング B29）、太平洋では P&W エンジンのグラマンなどの艦載機の跳梁に日本は屈することとなるのである。

研究開発費に理解を得られず、会社を蹴って出奔したレンチュラーの身を賭した冒険は、いささか大げさかも知れないが、図らずもアメリカの2大エンジンメーカーを育てたのみならず、アメリカを勝利に導き世界を変えたともいえる。

将来の柱になる技術は、赤子の段階では金食い虫が多く、数字による経営では金は往々にして回らない。ことに対して技術屋は信念を持ってスピンアウトを覚悟で経営者を説得すべきである。レンチュラーは良い部下と、別会社 P&W 社の経営者と、さらにユーザーであるモフェット大将を味方につけて、身を賭して会社を蹴り大成功したのである。

技術屋は、常により良いものを目指す意思を持つべきである。しかしその意思を行動に繋げる勇気はさらに必要であるが、時によりそれは摩擦を起こし過熱する。過熱させない制御も技術屋の心がけである。制御がまずいとスピンアウトのリスクが大きくなり、成功はおぼつかなくなるからである。そしてレンチュラーはミードとモフェットと P&W 社と

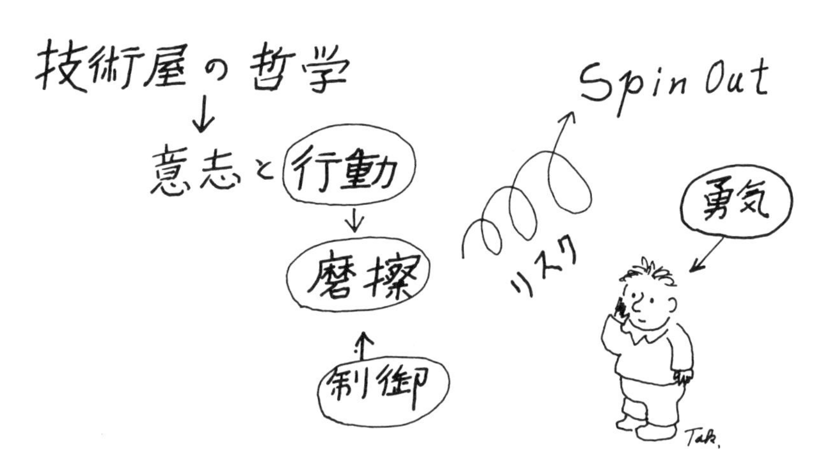


**図 16-5：技術屋の基本哲学はより良いものを目指す意思と行動である**
行動は摩擦を生じ、時に過熱し、スピンアウトのリスクを伴う。過熱させない制御技術も技術屋の心がけである。

いう 3 人の仲間を得ることで前進、成功したのである。仲間を得ることの重要性は前著でも述べたが、3 人の仲間とは、坊主と長と老人である (10-2)。

ところで、ワスプ（すずめ蜂）という名称はレンチュラー夫人のフェイ（Faye）が名づけたといわれる。ディーゼルエンジンという名称もルドルフ・ディーゼルの夫人のマルタ（martha）が名づけた。

そしてまた、ワスプという同名の空冷星型エンジンが、海の向こうイギリスで同じ頃生まれ、これもまた名を馳せたのである。それは、全盛を極め標準となっていた従来の回転式（ロータリー式）を排し、固定式星型の最初の栄を飾ったイギリスの ABC 社ワスプエンジンであった。しかし、有名になった理由は、残念ながら固定式が成功したからではなく、冷却不良によってバルブの損耗量が燃料消費量よりも多いといわれ、名を残してしまったからであった。同時期、同じように固定星型に挑戦していたコスモス・エンジニアリングのジュピターエンジンも同じ冷却不良問題に直面したが、上述のヘロンとギブソンが新規に研究したギブソン型シリンダーヘッドを採用し、名エンジン、ブリストルジュピターとして生まれ変わった話は第13章に述べた[15-1]。

蛇足であるが、美人に祭り上げられたビードルについてひとこと。ビードル（Veedol）というのは当時あったタイドウォーター石油会社の潤滑油の銘柄で、ミスになったのは横断飛行のときらしい。タイドウォーター社がスポンサーになったのかどうかは、はっきりしない。怪奇なお嬢様ではあった。

またこの飛行機自体は売却された後、ビスケー湾上で行方不明になってしまった。序ながら、第二次世界大戦時、魚雷艇や航空機とかの最新技術を学ぶために、優秀な技術者を選りすぐって同盟国ドイツに派遣した。彼らの乗った海軍のイ52号潜水艦もここ、ビスケー湾に沈められている[10-2]。

# 第17章

## ソ連でも生まれていた
## 四角顔のユンカースエンジン

### ユンカース四角ディーゼルエンジン

1933年（昭和8年）1月、ヒトラーはナチス政権を樹立した。その2月、「民族と国家防衛のための緊急令」などの緊急総統令を発布し、彼の政策に反対しているか、反対しそうな人間を片端から逮捕し始め、3月にはユンカース社（Junkers Flugzeug- und Motorenwerke AG）の首脳陣を一網打尽に拘留し、会社自体は国家管理にしてしまった。かくて世界の航空界を騒がせた航空ディーゼルも忽然として消え去ったのである。フーゴ・ユンカース（Hugo Junkers）教授がナチの政策を批判していたのと、アインハイトディーゼル（Einheits Diesel）と称した軍用統制型ディーゼルトラックのトラブル（戦車第23章参照）、さらに、たまたま視察中のディーゼル爆撃機隊の始動時の黒煙で長波の無線機が障害されたことなどから、ヒトラーはディーゼルエンジン嫌いになるとともに、航空ディーゼルの主導者であったユンカース教授を目の敵にしていたのである。

ユンカース教授は軟禁され、1935年には失意のうちにこの世を去ってしまった。下請けに回された航空ディーゼル部門は縮小され、ディーゼルエンジンの研究は続けられたものの、イギリスを恐怖の底に落としたディーゼル成層圏爆撃機の生産は大幅に縮小され、大戦中改良型も含め40数機しか生産されなかった。一方成層圏爆撃機の出現でショックを受けたイギリスでは、これを迎撃できるロールスロイスマーリンXXエンジン搭載のスピットファイヤー戦闘機の生産が急がれた。

しかし、ヒトラーが採った通常爆撃で、ドイツのハインケル111などの通常爆撃機は甚大な損害を受け、「バトルオブブリテン」と呼ばれたイギリス本土爆撃作戦ではドイツ空軍は敗退し、矛先をソ連に向けたのである。

話は前後するが、ユンカース教授が亡くなった翌1936年、ユンカース社のガスターシュテート博士（Dr. J. Gasterstädt）が航空ディーゼルについて講演した。その中にユンカース教授が残したコンセプトに4本の対向ピストンシリンダを四角に組み合わせるエンジンがあった。つまり図17-1の原理図で示したようにピストンが2つ入ったシリンダの両端にクランクシャフトがあるので、そのクランクシャフトにもうひとつのシリンダからのコンロッドを繋ぎ、その他端のクランクシャフトにさらに次のシリンダのコンロッドを繋ぎ、同じことをもう1回やれば、四角の角にクランクシャフトを4本持つ4シリンダエンジンができ上がる。ユンカースはこの4シリンダの四角エンジンを4列重ねた16シリンダエンジン（ピストンは32個）の大出力ディーゼルエンジンを企画していたのだ。当然熱負荷は厳しくなるので、ボア、ストロークはぐっと縮小し80mm × 120mmとしていた。

この四角エンジン（Viereck-Diesel）ユモ223型は長距離大洋横断航空機用として1930年代から計画が開始された。ユンカース教授亡き後も、小規模ながらディーゼルの活動は続けられ、このエンジンは1935

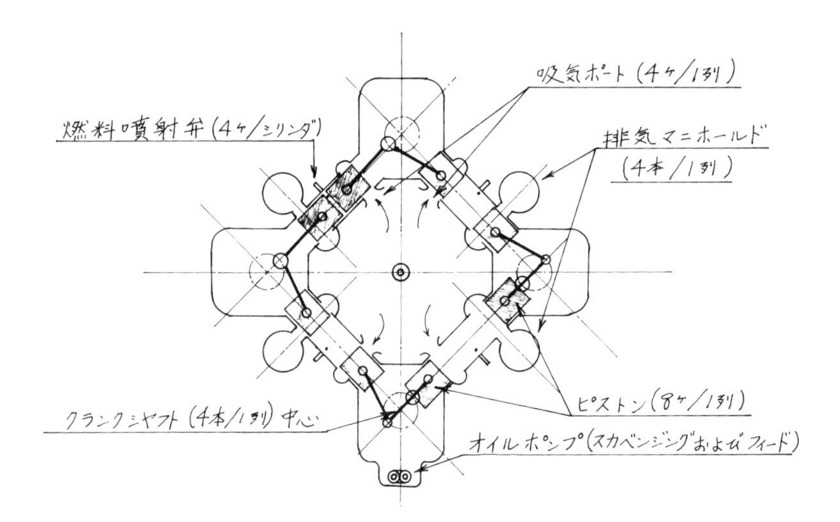


**図17-1：ユンカース四角エンジンのコンセプト**

**図17-2：ユンカース ユモ223型エンジン(1940年)** (17-1)
ボア×ストローク＝80×(120×2)=29リッター 2200馬力(1620kW)/4200rpm。

年から製作開始、1937年には「Pプロジェクト」として本格的にその推進が図られた。左記ガスターシュテート博士もプロジェクトメンバーであった。

1939年の末、第1号機の運転を開始した。性能チューニングの結果、排気タービン2段過給で2500馬力（1840kW）/ 4400rpmを記録した（公表は2200馬力（1620kW）/4200rpm)。

航空機の方は、ユンカースプロジェクトEF100において、1940年には6発の飛行艇はユモ223を搭載、総重量80トン、500k/hで飛行時間15時間。1941年にはメッサーシュミットMe264型成層圏長距離機で4基のユモ223型を搭載し、700km/hの速度、高度14000m〜15000mで、飛行時間50〜60時間の計画であった。

一方、すでにイギリス本土上空12000mを飛行していたJU86P型用のユモ207型も発展しており、このエンジンのボア、ストローク（105mm × 160mm）を用いた四角エンジン、ユモ224型が1942年に企画された。これは4000～5000馬力（2940～3680kW）の計画出力で、ルフトハンザ航空のリスボン―ニューヨーク大西洋横断空路用のドルニエDO214型飛行艇とかブローム・ウント・フォスBV238型大型飛行艇にも用いられる予定であった。既述のプロジェクトの発展だったのであろうが、1943年末、ユモ004型ターボジェットの成功により、プロジェクトは中止となった。

ところが驚くべきことに、ほとんど同時期にソ連でもこのユンカースと全く同じ2200馬力の四角エンジンが開発実験中で、1940年には1700馬力を記録していた。ユンカースの四角エンジンの情報がなぜソ連に伝わり、しかも同時期に開発できていた事実には驚かされるが、その背景にもまた驚かされる。即ちソ連の強大な国家プロジェクトが存在しており、後述するように、後年ドイツを破滅に追いやるT34戦車とそのエンジン（戦車の項参照）もこのプロジェクトから生まれていたのだ。それを探ろう。

**図17-3：ブローム・ウント・フォスBV 238 6発飛行艇** (17-2)
ユンカース ユモ223、2200馬力エンジン搭載予定であった。写真のものはダイムラーベンツDB603C、1750馬力6基。
全幅57.4m、全長46.62m、全備重量94.345kg、最大速度410km/h、航続距離3750～6600km、哨戒時乗員10名。

## ソ連の航空ディーゼルエンジンプロジェト[17-3]

1932年（昭和7年）、ソ連は航空ディーゼルエンジンの研究開発という大規模な国家プロジェクトを立ち上げた。ユンカースのF04ディーゼルエンジン搭載のF24型機の初飛行成功の3年後であった。当時ソ連陸軍の総師であったトハチェフスキー（M. N. Tukhachevskiy）元帥の主導で表17-1に示す5つの研究所を動員したもので、このプロジェクトはVVSRKA（ソ連陸空軍）がサポートした。

この5研究機関に6種類のN1〜N6と称したディーゼルエンジンの研究開発が命じられたのである。記号のNは「Neftftyanoy」Crude OilのNである。目標出力は500〜2000馬力、重量は1.3〜1.5kg/hpとされた。表中のVNIDI（No.2、ディーゼル科研）では研究範囲として戦車、自動車、トラクタ、舶用も含めさせた。1932年といえば満州事変のさなかで、ちょうどブリストル450馬力エンジン搭載の91式戦闘機ができ上がり、実戦に参加すべく量産が計画された頃である（この計画は果たせなかったが）。この時代に2000馬力のしかもディーゼルエンジンの研究が開始され、そして果敢に推移したのである。日本の「誉」2000馬力の構想が芽生えたのは1939年（昭和14年）である[17-5]。

なぜディーゼルエンジンにこれほどまでに熱を入れたのであろうか？

これはあきらかにユンカース航空ディーゼルの推移が影響したに違いない。即ちTsIAM（No.1、エンジン中研）がユンカースの四角6列

**表17-1：ソ連の内燃機関研究機関（1932年）**

| | |
|---|---|
| 1、 | IAM後TsIAM（エンジン中央研究所）モスコー（エンジン中研と略す） |
| 2、 | TsNIDI 後 VNIDI（ディーゼル科学調査研究所）レニングラード（ディーゼル科研と略す） |
| 3、 | UIDVS後UNIADI（ウクライナ内燃機関研究所）ハリコフ（ウクライナ研と略す） |
| 4、 | IPE、（産業動力技術研究所）ハリコフ（ハリコフ研と略す） |
| 5、 | OTB of the NKVD（人民委員会特別技術局）モスコー（特別研と略す） |

24シリンダ2200馬力ディーゼルエンジンを開発していたのだ。つまりソ連はこの情報をすべて掴んでいたことになる。

これには訳があった。第一次世界大戦の終結で決められたベルサイユ条約である。ドイツは同条約によってすべての軍備が禁止され、膨大な賠償金を課せられていた。これに抗する形でドイツ政府は密かにソ連と密約を結び、飛行機、戦車などの新兵器の開発をソ連で行ったのである。パイロットの養成も同時に、また戦車学校も独ソ共同で設立され、それらの技術支援もドイツが引き受けていた。ドイツの新型機はソ連の飛行場で離着陸を繰り返していたのである。ドイツの将校たちは軍の教官としてモスクワに滞在した。軍備禁止のドイツになぜ将校が？　という疑念が浮かぶが、ベルサイユ条約の抜け道を使かった（あるいは作らせた？）。この教育は10年もの間、続いたのである。特筆すべきは後年ドイツ機甲師団の大将として活躍したハインツ・ウィルヘルム・グーデリアン（Heinz Wilhelm Guderian）など名だたる名将も教官として加わっており、ソ連赤軍に機械化兵団の有効性を伝授したのである。上述のトハチェフスキー元帥はその弟子であったといえる。彼はその教えを忠実にソ連赤軍にアプライしたのだ。

いうなればそれは空軍とか、陸軍とかではなく、空陸一体の運用、つまり軍力を俯瞰(ふかん)した大局的な戦略であったのだ。トハチェフスキーの機甲軍団に関してはさらに戦車の項で述べる。

そして軽量な航空ディーゼルエンジンは彼の頭に叩き込まれ、事実それが世界最強のT34戦車の「V2（ベー2)」エンジンに繋がるのである。そして、ディーゼルエンジンのキーテクノロジーは燃料噴射ポンプであるが、この設計製造技術は単なるコピーでは一朝一夕には習得し難い。これに対してはボッシュ（Bosch）社の技術者による直々の支援を受け、結局、生産工程までも協力してもらい、自力で生産が円滑にできるようになったのは第二次世界大戦勃発の直前であったという[(17-3)(17-4)]。

# 第 18 章

## 仲間が分かれ分かれになって落っこちた
## H−Ⅱロケット

### 自動車屋はロケット屋の言葉がわからなかった

1999 年（平成 11 年）11 月 15 日、H−Ⅱロケット 8 号機は発射台からいきなり猛烈な煙を噴出させ一瞬遅れの轟音を見物人に投げつけて、ゆっくりと発射台を離れると見る見るスピードを上げ、ぐんぐんと遠去かった。ロケットの打ち上げ時には普通に見られる光景である。ロケットはやがて宇宙に消えるかと思われた瞬間、大きな噴煙を上げたかと見るや、やがて落下していった。4 分後のことであった。

失敗である。ロケットは遠い海に消えたかと思われた。種子島宇宙センターでのできごとであった。

やがて、それはロケットエンジンの液体水素ターボポンプのインデューサの疲労破壊によって起きた爆発で、その原因はキャビテーションによる振動と伝えられた。

しかし、自動車屋にとってこの原因の表現は意味がわからなかった。ターボポンプ、つまり遠心式の水ポンプないしはターボチャージャでインデューサといえば流れの入り口部のことで、流体が入りやすいようにその部分の羽はねじれている（図 18-1 参照）。入口であるから流速は遅く、これが羽の先端つまり出口近くになれば流速が速くなり、局所的に圧力が下がって気泡の発生、つまりキャビテーションは起きやすくなる。入口ではキャビテーションは普通では起こらない。これが第一の疑問。

次にキャビテーションなどというものは流体機械なら常に警戒しなければならない現象で、保証実験中なぜ発見できなかったのかという疑問であった。

キャビテーション、つまり気泡の発生はいろんな悪さをする。局所的な負圧によって発生するのであるが、回りは正圧であるのでこれがつぶ

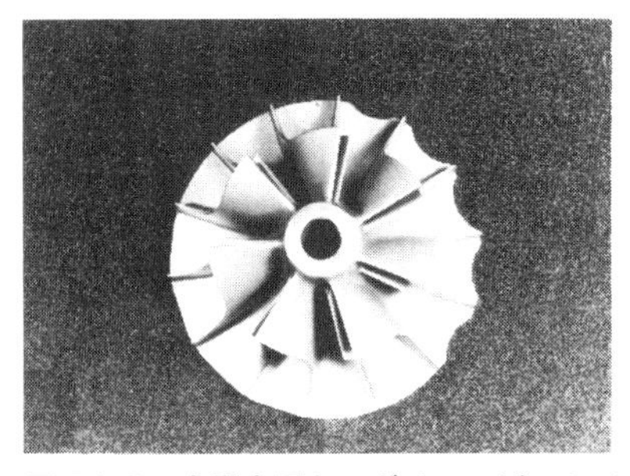

**図 18-1：自動車用ターボチャージャのインペラ（翼車）**
その中心部がインデューサ。左が直線放射状のインペラで右が今日一般的に使われるバックワード・カーブド・インペラである。遠心式のコンプレッサ（ポンプも同じ）であるから流体は中央の中心部から入り、放射状のインペラによって遠心力で加圧、加速され、外周に設けたスクロール（通路）を経て排出される。流体が放射状のインペラにいきなり入る前に誘導部として曲げられた小径の羽を設けるが、この部をインデューサという。

される。このつぶされるときに音響を発生する。潜水艦のスクリューがキャビテーションによって発生する音響を捉えるのがソナーで、第二次世界大戦中の連合軍はこのソナー技術が進歩し、日本の潜水艦はこれにより水中深く潜っていても発見され、ことごとく撃沈された。魚雷艇の技術を学びにドイツに向かった蒲生海軍郷信技師の乗ったイ 52 号潜水艦がビスケー湾で撃沈される状況が、NHK スペシャルで放映されたことがあるが、キャビテーションによるキュウキュウキュウというスクリュー音が爆雷の爆発音のあとスーっと消え、潜水艦が海底深く沈んでいく録音は胸が痛む。

キャビテーションによる気泡が衝撃的につぶれるときに、音とともに壁面を浸蝕するのでこれを避けるように設計しなければならない。水冷エンジンのシリンダでも時により、振動によるキャビテーションの発生と崩壊でシリンダが浸蝕されることがあるので、警戒しなければならない現象で、保証実験では常にチェックされるものである。H−Ⅱロケットの場合はキャビテーションの発生による振動によってインデューサに繰り返し応力が発生し、これによる金属疲労とのことで、以上述べたような自動車屋の常識では理解できなかったのである。

## 鯱鉾付きの駅舎に迎えられた見学会

自動車技術会で角田宇宙センターの見学会の案内があった。見れば打ち上げに失敗し小笠原沖に沈んだロケットエンジンを海中から引き揚げ、原因を究明したが、その現物とJAXA（宇宙航空研究開発機構）による説明の講演もあるとのこと。これは参加せざるべからず！　しかし集合場所は宮城県の田舎町船岡駅、新幹線を福島で降り東北線に乗り換えねばならない。帰りは？　と調べると講演終了の30分後に1列車その後は1時間後である。さらに案内の注意書きには、駅周辺には食事のできるところはございません、とある。悪くすると空腹を抱えて田舎の駅で1時間も待たねばならないかもしれない。

これは黙秘せざるべからず。「いい歳して、およしなさい」とくること必定だからである。その日朝早く、自動車技術会の見学会に行ってくるよと、さりげなく、そして勇躍、我が家をあとにしたのである。

その船岡駅に着いた。田舎町とは思えぬ鯱鉾付きの駅に驚かされる。伊達正宗の家臣柴田家の居城、船岡城を模したものだという。

こんなところに宇宙センターがあるのだ。それは駅から3kmほどの地点で、なぜこんな田舎に作ったのかを尋ねた。それは、周りが山に囲まれ、また、日本軍が人里からは遠く離れた地形を探り当て、戦争中火薬実験場を作った跡地をちょうどいいとして利用したとのことであった。なるほど、危機管理の原点である。

## そのエンジン用ターボポンプの原点は海軍のロケット戦闘機「秋水」にあった

ロケット用エンジンというのは図18-2に示すロケット（これはH−ⅡB型）の下段および中段に装着されるエンジンで、図18-3に示すように一見巨大なスカートを履いたフランス人形のような形をしている。H−Ⅱロケットのエンジン（LE型）のスカートは人間の背丈を遥かに越えるが、それは膨張ノズルと呼ばれる燃焼ガスの噴出ノズルである。その裾から超音速のガスを噴出して、このフランス人形をお尻に付けたロケット本体（H−Ⅱ型）は上昇していくのである。図18-2の下端にある

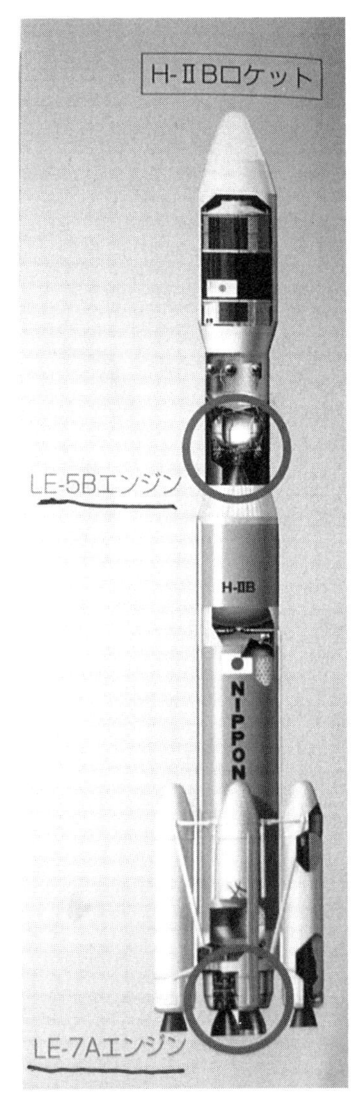


**図 18-2：H−Ⅱロケットの全貌（JAXA 角田宇宙センターパンフレットより）**
低下端に１段目の LE7 型エンジンが装着され、中段に２段目の LE5 型エンジンが装着される。太い胴体は燃料（液体水素）および酸化剤（液体酸素）のタンクである。それぞれのエンジンの基本構造は同じであるが、１段目（LE7 型）は高い燃焼圧力を必要とするので、図 18-4 に示すような２段燃焼サイクルを有する。

**図 18-3：H−Ⅱロケットの２段目エンジン LE5 型（角田宇宙センター）**
このエンジンが点火される前に LE7 型が爆発したが、外見は同じで、大きさが異なると見ていい。

のが１段目の LE7 型エンジンで、これと、まわりに４台付けたブースターと呼ばれる固体ロケットが点火され、H−Ⅱは急速に上昇する。この燃料が燃え尽きると LE-7 型とその上の燃料および酸化剤タンクは切り離されて放棄され、２段目の LE5 型エンジンが点火されて H−Ⅱはさらに上昇を続けるのである。くだんの事故は１段目のLE7型の爆発であった。さてそのエンジン、つまりそれをフランス人形とすればその腰のあたりに主燃焼室を備え、LE型エンジンはそこに液体酸素（液酸と略す）と液体水素（液水と略す）を合流させ点火燃焼させる。図18-4に示すように液酸と液水はスカート（膨張ノズルという）の両側に備えられたそれぞれのターボポンプによって圧送されるが、それらのポンプはプリバーナで生成したガス（水蒸気）によるタービンで駆動される。液水はそこまでくる前にさらに膨張ノズルつまりスカートを冷却し、その後主燃焼室に導かれ、酸素の合流により爆発燃焼するのである。

H−Ⅱロケットの墜落は、その１段目のLE-7型エンジンの液水ポンプが、キャビテーションによって破損し、ロケットの推力を失ったため、指令爆破させられたものである。

さて、角田宇宙センターの展示室には、海中から回収した破損したノズルや爆発によって熔解した燃焼室などとともに、液酸、液水ポンプの

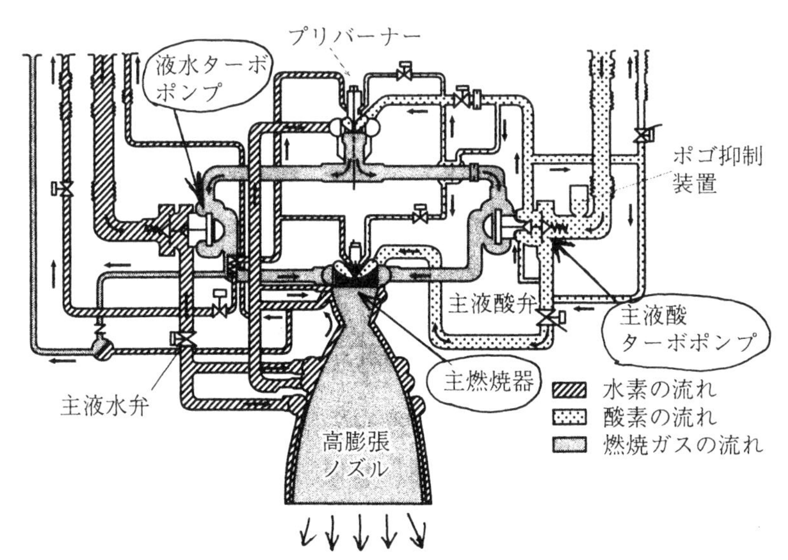


**図18-4：H−Ⅱロケット第１段エンジンLE7型の系統図**[18-1]
燃料と酸化剤の一部がプリバーナで燃焼しタービンを回したあと、主燃焼室で本流と合流して燃焼するため、高い燃焼圧力が得られる。

**図 18-5：H-Ⅱロケットの液体水素ポンプ**
-253℃の液体水素は右から入ってまずインデューサ（スパイラル状の軸流ポンプ）で圧縮され、続いて遠心ポンプで 300 気圧（30MPa）まで圧縮される。

カットポンプが展示してある。図 18-5 にくだんの液水ポンプを示す。

これらのポンプの諸元を見て驚かされた。ちょっと専門的にはなるが、

吐 出 量：液水 550 L/sec、液酸 180L/sec

吐 出 圧：液水 27MPa（展示では 30MPa）、液酸 18MPa

回 転 数：液水 42259rpm、液酸 18300rpm

必要馬力：液水 30000 馬力

すべてが自動車屋の世界とは、１桁ないし２桁も大きい。特に驚かされたのは液水ポンプの吐出圧力 30MPa、つまり 300 気圧である。ノズルの冷却等を果たしたあと、爆発的に燃焼している燃焼室に液体水素を押し込むために、これだけの高圧が要るのである。消防用水ポンプでは 100m の高さまで届くもので約 10 気圧、1MPa である。300 気圧となれば 3000m のアルプス山頂に届く計算になる。さらに必要馬力の 30000 馬力（約 22000kW）だ。航空用レシプロエンジン（ピストンエンジン）での到達値は第二次世界大戦が終わってからようやく 5000 馬力が最高で、これも実用には至らなかった。

**図 18-6：太平洋戦争の末期、日本を焼き尽くす B29 に一矢報いるべく緊急開発したロケット戦闘機「秋水」（マロニー航空博物館）**
翼付け根の機関砲は取り外されている、原型の Me163 戦闘機の特徴である先頭に付く発電機駆動用の小型プロペラは秋水にはない。メッサーシュミット Me163 を模したとはいえ、取扱説明書を頼りに飛行まで果たした事実は敬服に値する。残念ながら試験飛行は、急速上昇は果たしたものの 1/3 しか入れなかった燃料のため（といわれている）エンジンがエンストし、墜落してしまった。マロニー博物館のものは、オレンジ色であるが、実際に事故で失われた機体は試作機であるので、このような塗色であっただろうと思われる。

そしてターボコンプレッサの前に位置するインデューサと説明されているものは、アルキメデスのスクリューポンプのように見える、が、まさしく軸流圧縮機ではないか、いうなれば 1 段目は軸流、2 段目が副流の圧縮機である。

図 18-5 の左端はポンプ駆動用の軸流タービンで、これらは上述のようにプリバーナで生成された水蒸気で作動する。燃料の液体水素は右端から入りインデューサ（つまり軸流圧縮機）で圧縮され、次いで複流のコンプレッサでさらに圧縮され、最終的に 30MPa となって主燃焼室に導かれるのである。

いったいいつ、誰がこんな一見不可思議な（自動車屋にはそう見えたのだ）発想をしたのだろうか？　と思った。

なんとそれは終戦間際、アメリカのB29爆撃機の跳梁に一矢報いるべく緊急開発した海軍の秋水ロケット戦闘機に、その前例があったことを知った。周知のように秋水はドイツのメッサーシュミットMe163型ロケット戦闘機（コメート）を模したものであったが、模倣すべき正式の設計図はそれを搭載した潜水艦が連合軍により撃沈されてしまい、飛行機で別に到着できた取扱説明書を頼りに完成したものである。そのエンジンの基本的な構想は世界初のミサイルV2ロケットであろうが、このMe163型戦闘機に搭載されたワルター（Walter）109-509型エンジンはV2とは全く異なった、極めて独創的な代物である。

まず燃料は無水メタノールと水化ヒドラジンと、水、シアン化カリの混合液を用い、酸化剤には過酸化水素の水溶液を用いる。またタービンの駆動は過酸化水素水溶液を触媒で分解した蒸気を用いるが、その触媒は過マンガン酸カリ、二酸化マンガン、苛性ソーダの練り物を用いる。なんとも難しいというかややこしいというか？　化け学オンチには全くチンプンカンプンの世界だ[18-2]。

こんな代物を開発したヘルムート・ワルター（Hellmuth Walter）には敬服せざるを得ないが、一方、取扱説明書だけを頼りに、たった1年未満の短期で、実際に飛ばすことまで果たした三菱と空技廠などの技術陣にも脱帽の他ない。

## 戦闘機用としては不適だったワルターのエンジン

秋水戦闘機の原点であるメッサーシュミットMe163（コメート）戦闘機を見よう（図18-7参照）。その搭載エンジン、ワルター109-509はこの複雑な燃料と酸化剤を混合爆発させて、お尻のノズルから噴出させる。そして当時の日本の防空戦闘機では簡単には上がれない10000mの上空まで約3分で舞い上がり、敵の爆撃機を攻撃するのである。お尻のノズルはフランス人形のスカート型であるがH−Ⅱなどに較べると、ずっと小型である。H−Ⅱでもそうであるが、スカートの裾を広げる理由は、超音速の噴流を得るためには、管を一度縮め、その後裾を拡げる必要があるためで、通常のとがったノズルとは逆である。これを発明者の

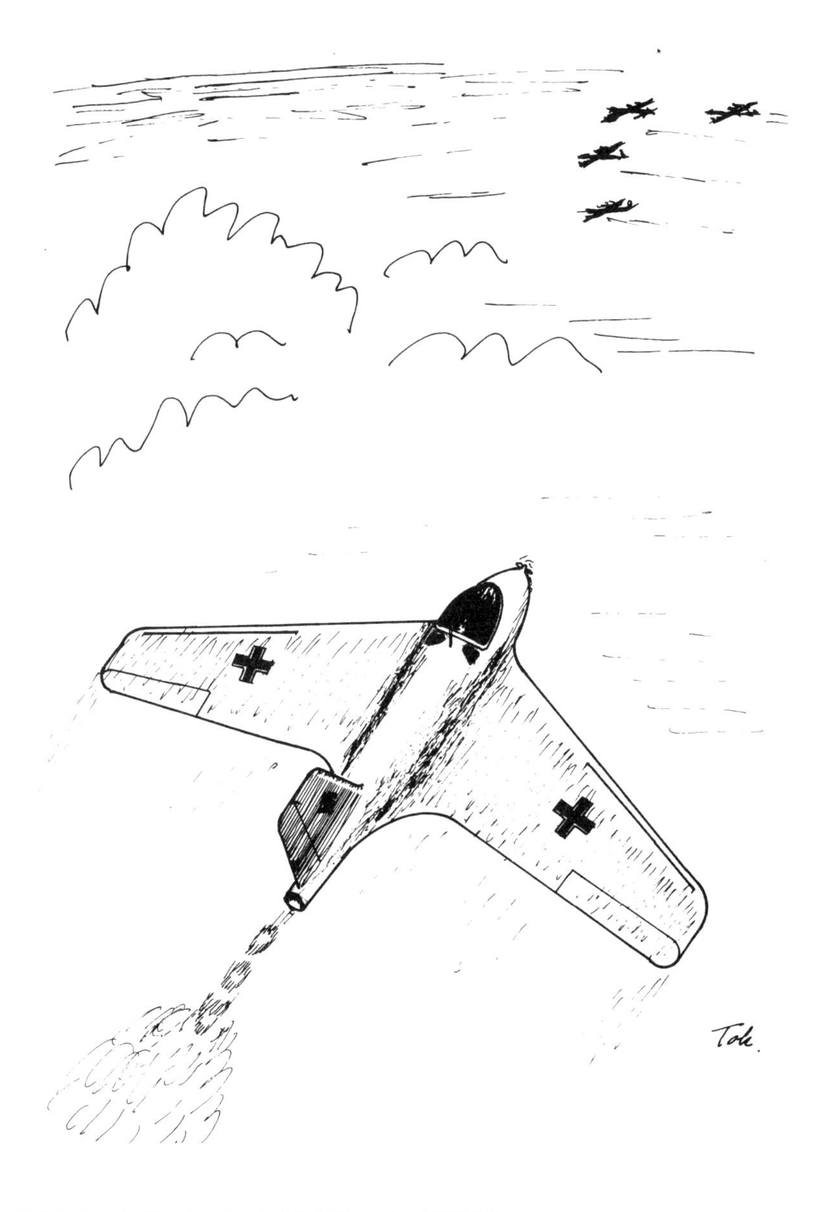


**図 18-7：メッサーシュミット Me163 コメート戦闘機**
先端の小さなプロペラは発電機用、短い胴体内に２トンもの燃料と酸化剤を詰め込む。

名をとってド・ラバルノズル（de Laval nozzle）という。そしてこの燃料と酸化剤を圧送するポンプこそH−Ⅱロケットエンジンの液水および液酸ターボポンプの原点であったのである。文献（18-2）（18-3）を参考にして、簡単に略図化したものを図 18-8 に示す。H−Ⅱロケットでは液水、液酸それぞれがターボポンプを持っていたが、原点のワルターは1個のタービンで酸化剤用と燃料用の両方のターボポンプを回す。そして、それぞれがインデューサ、つまり軸流ポンプを遠心ポンプの前に備えている。説明によるとキャビテーションに対し、軸流ポンプは性能低下が鈍いとされているのでこの1段目に置くのだという。確かにこのような配置であれば、半径が小さいのでキャビテーションは起こり難いと思われる。しかし H−Ⅱの場合は、その半径はかなり大きく、遠心ポ

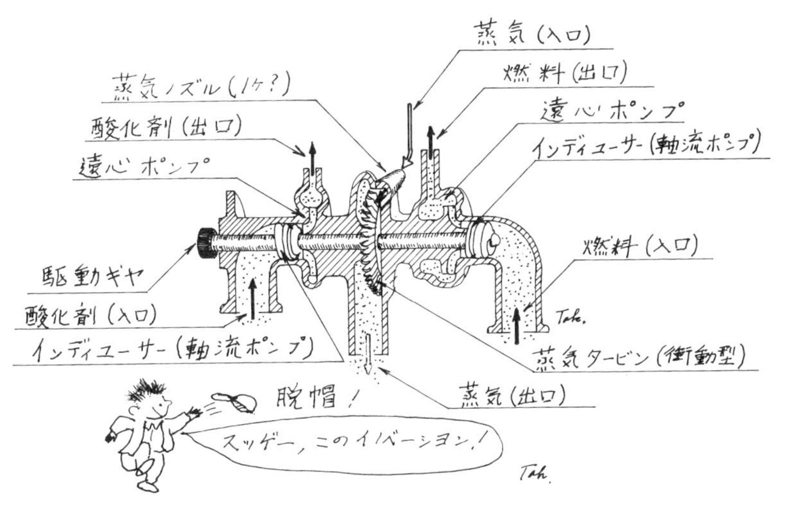


**図 18-8：ワルター109-509　ターボポンプ**
駆動用のタービン（衝動型タービン）は過酸化水素の蒸気タービンである。蒸気の噴出ノズルは1個のようだがはっきりしない。酸化剤用も燃料用もともに軸流ポンプ（インデューサ）を初段に配置する。加圧された燃料と酸化剤は燃焼器に送られて燃焼（爆発）する。ワルター（秋水も同じ）の燃料と酸化剤とタービン駆動用蒸気は、
燃料：無水メタノール 57%、水化ヒドラジン 30%、銅シアン化カリ 13%。
酸化剤：過酸化水素（H2O2）の 80% 水溶液。
タービン駆動用蒸気：過酸化水素をロセ剤（過マンガン酸カリ、2酸化マンガン、苛性ソーダの練り物）で分解して発生させた蒸気による。

**図 18-9：（上）ワルターのロケットエンジン 109-509A 型。フレームアウト対策を施したものは 509C 型で、この情報は日本に届かなかった／（下）「秋水」のロケットエンジン 特呂 2 号（マロニー博物館）**

特呂 1 号というのは 95 式酸素魚雷用として既に海軍で採用されていたもので、ロケットエンジン技術がわずかな資料だけで 1 年足らずで飛行に漕ぎつけた背景には、すでに極めて似た技術を有していたからである。ドイツでの Me163 の初飛行は 1941 年に成功していたが、なおエンジントラブルで腐心していたのだ。ボックス形のフレームにターボポンプ、制御装置、タービン駆動用蒸気発生装置などが収められ、後端の燃焼器および噴出ノズルまでは圧送管（Schubrohr）が繋がれるが、この管の機能はよくわからない。

ンプへの入り口は少し縮小しているように見え、キャビテーションによる性能低下が鈍いという理由はいまひとつ不明確であった。これに対し、上條謙二郎教授の明快な説明によると[18-1]、インデューサは羽根数が少ないので流路を閉塞する割合が少なく、キャビテーションが発生しても性能低下が少ないということである[18-3]。ワルターがそこまでの考察によってこのようなアイデアをものにしたとするなら、流体屋兼化学屋として恐るべき技術屋だ。脱帽の他ない。なお、ワルターの軸流ポンプは2段式で1段目は2翼、3段目は3翼でともに特殊形状の翼型と説明されているが、詳細は不詳である。

そして第二次世界大戦末期、ドイツ航空省（RLM）はこのワルターエンジンをアレクサンダー・リピッシュ（Alexander Nartin Lippisch）のアイデアである無尾翼機に搭載することをメッサーシュミットに指示し、生まれたのがMe163戦闘機である（メッサーシュミット社に派遣されたリピッシュはメッサーシュミットと意見が合わず、ウイーンの航空研究所に去った）[18-4][18-5]。既述のように、その取扱説明書だけから秋水が生まれたのであるが、エンジンもワルターのオリジナルと較べるとひと回り小さく、よくぞこれで飛べるところまで、作ったものだという実感が湧いてくる。

Me163は3分で10000mまで上がれ、時速1000k/hで敵の編隊に突入できるけれども、2トンの燃料と酸化剤は7分半で燃え尽きてしまう、つまり対敵時間は4分半、あとは滑空しかない。滑空で敵機を撃墜し基地に帰るのである。計算上はこれで2機の撃墜は可能であるとしていた。

実態はどうだったか？　実戦配備は1944年（昭和19年）の2月から開始され、6月からアメリカ空軍への攻撃が開始された（ドイツの降伏は翌1945年5月）。連合軍の熾烈な空爆にもめげず、生産は強行され終戦までに279機が稼働した。そして戦果である。なんとそれは終戦まで、たった合計9機であった。

まず、敵機との速度差約500k/hは大きすぎ、接敵が困難であった。

7分半の航続時間はいかにも短すぎた。無尾翼機の運動性能は極めて良かったけれども、滑空では空中戦は無理であった。基地に着陸できても自走できない機体は、もし敵戦闘機が上空にいたら殺される以外の道はなかった。そして過酸化水素混合液（酸化剤）は大変な劇薬で、もしそれを浴びたら人間は溶けてなくなるのである。またヒドラジン混合液（燃料）は極めて爆発しやすく、もし不用意に酸化剤に触れれば瞬時に大爆発を起こす。ということで、ただでさえ、何が起こるかわからない戦場で動かす兵器としては失格であった。

実はワルターは、このエンジンを潜水艦とか魚雷用とかに使おうと考えていたのである。水中で空気を使わない魚雷では、日本海軍の酸素魚雷は有名であった。ワルターはそれを上回るエンジンを夢見ていたのだろうが、潜水艦ないし魚雷の推進機の機構についてはわからない。

戦闘機には向かなかったが、この技術は戦後アメリカに渡り、NASA（アメリカ航空宇宙局）でのロケット開発で磨かれ、日本のエンジンにも生かされたということである。ワルターの鬼才ぶりは刮目に値するが、手あたり次第に薬品をぶち込んだ手法も見逃してはいけないだろう。これも技術開発の挑戦の一例といえるのではないだろうか。

## 事故の原因は設計ミスであった

くだんのH−Ⅱロケットのターボポンプに話を移そう。

見学会の講演会では既述のようにキャビテーションによる疲労破壊ということであったが、そのキャビテーションは旋回キャビテーションと逆流キャビテーションとがあり、複雑な流体振動を発生していたという。旋回キャビテーションとは、インデューサで発生するキャビテーションの旋回速度がインデューサの回転速度より速くなる現象で、1975年に上條教授が発見しており、上條教授グループが開発した液酸ポンプでは避けるための基準が守られていた。上條教授の記述で、「筆者が行った液酸ポンプとこの液水ポンプインデューサの基本設計は同じものであると信じていた」というのがある[18-1]。第三者の立場から見て疑問に思うのは、同じ組織の中で、なぜそんなことが起こるのかということである。

上條教授の立場を一瞥しよう。教授は東京工業大学大学院修了後、航空宇宙技術研究所（航技研、現 JAXA）に就職し、液酸、液水ポンプ、インディューサの研究に従事、1975 年～1977 ? 年カリフォルニア工大客員研究員および Caltec での研究を経て帰国した。一方 1975 年宇宙開発事業団（NASDA）と航技研は液酸、液水ポンプの共同研究を行うこととなった。そして H−Ⅱロケットに対しては、液酸ポンプは航技研が、液水ポンプは宇宙開発事業団が行うこととなった。一方液酸ポンプ（LE5 型）は 1983 年頃には開発は完了していた。この途中でさらに、東京大学の航空宇宙研究所も参画することになる。教授は 1996 年に航技研のロケット部長から東北大学流体科学研究所教授として転出、2003 年に退官した。

H−Ⅱロケットの墜落事故は東北大在任中の 1999 年で、教授は事故調査専門委員として参加することになった。

上記の記述は専門委員として、液水ポンプのキャビテーション動画を見て驚かれたときの記述である。

キャビテーション性能を評価する重要なパラメータがある。それはポンプの回転数（rpm）、ポンプの吐出量（㎥ /min）、限界有効吸込水頭 NPSHcr である。NPSHcr とは、既述の一般の水ポンプの例では、大気圧（0.1MPa）に逆らうわけであるので NPSHcr は 10m となり、それ以上の水頭では吸い込み部が飽和蒸気圧以下の状態になって、つまりキャビテーションが発生して、ポンプは作動しなくなる。これらのパラメータを基にしたある函数をキャビテーションパラメータと呼び、NASA（アメリカ航空宇宙局）は経験的にこの必要数値（つまり設計基準）を示していた。さらに各要素のパラメータに対しても細かく決めており、上條グループの液酸ポンプはこれを厳守していた。ところが教授が調べたくだんの液水ポンプは、例えば入口翼先端の流量計数 $\Phi > 0.07$ に対し、$\Phi = 0.063$ と NASA の基準を満たしておらず、さらにインデューサの昇圧程度を示す $\Psi < 0.15$ に対しても、$\Psi = 0.22$ と基準を逸脱していた。つまり基準を無視した設計ミスだったのである。宇宙開発委

員会の説明では事故の原因を複雑なキャビテーションのせいにしているが、これは責任転嫁のごまかしである。

## ミスの原因は開発基準がなかったから

しかし、これは設計者の責任ではない。そういう設計基準を知らなかった、あるいは示さなかった組織および開発手順（開発基準）を決めていなかった、あるいは決めることをしなかった組織および開発システムの欠落である。

開発グループの組織を見よう。まず航技研であるが、液酸ポンプの主担当として、その要素試験は角田の宇宙推進技術研究センターで実施した。宇宙開発事業団（NASDA）は液水ポンプの主担当として、その試験をこれも角田のロケット研究センターで実施した。両者の各センターは同じ角田の敷地内の違う建物だ。そしてさらに教授を驚かせたのは、液水の設計者は、かつて教授の下で液酸の開発を行ったメンバーとはすっかり替わっていたことであった。詳細は知らないが、試験の失敗につれて、中間技術者が次々とエンジン部門から他部門に異動させられたといわれ、またH−Ⅱロケットの開発が始まる頃からNASDAの重要ポストに、技術屋でない科学技術庁出身の官僚がつく慣わしとなり、1984年以降今日まで、すべて理事長は科学技術庁の官僚とのことである。これは欧米諸国と大きく違うといわれる。一方その製造は三菱重工と石川島播磨重工で行なわれた。とにかく組織は大きく複雑ではあった。

どうやら不幸にして開発仲間は次々に異動になったようだ。研究開発はでき上がって初めていくつかのノウハウがあったことが判明するもので、それらが技術の蓄積となり次期の進歩の糧となるのである。どんな組織でも、安易なローテーションで仲間が分かれ分かれに離れてしまっては生まれかけたノウハウは死滅する。

そういうことが認識できる人間なら、技術屋であろうが事務屋であろうが官僚であろうがリーダーとして不適ということはない。技術屋でも認識できていない人間は多々見受けられる。

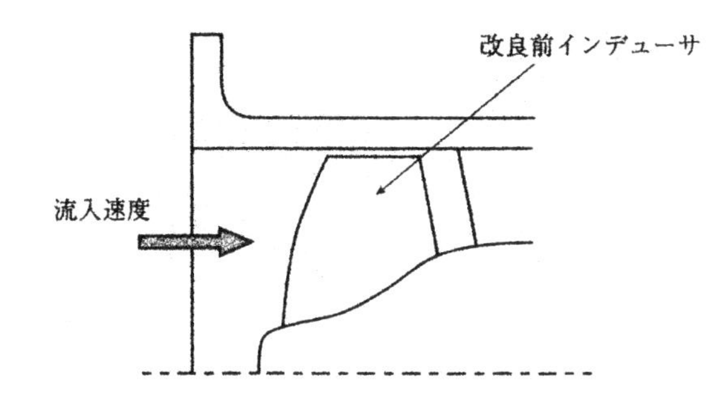


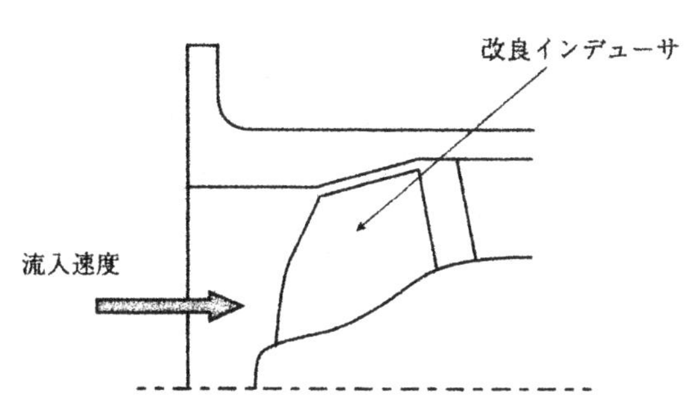


**図18-10：改良された軸流ポンプのインデューサ（上條謙二郎 ロケットターボポンプの研究・開発）**

**図18-11：第二次世界大戦末期、猛威をふるったV2号ロケットミサイル（スミソニアン博物館）**
左下端の見物人と比較して、その大きさがわかる。この巨大なミサイルが、イギリス本土に1000発も打ち込まれた。今日の宇宙ロケットの原点である。

組織いかんにかかわらず、設計基準は常に整理して紙に残し番号を取って（番号を通し番号にするのはアホのやること、番号だけでどこの部署がいつ作ったかわかる番号にするのが基本）決めた場所に置くことは第一条件。次に開発手順も同じように整理保管し、新しい仕事の前には必ず基準類に目を通すという教育をすること。設計ないし実験終了時には、基準として残すことの可否判断の項目と、必要に応じた基準も発行すべきである。基準とするのが憚られるような新規のものは、仮基準としておけば良いのである。

それらの基準を作らせる、一瞥する躾の責任はリーダーである。そして共同開発の場合には当然横との連絡会議はあるだろうが、通り一片の連絡会議など時間の無駄だ。腹を割った本音の、その時点での品質確認

**図 18-12：V2 号ロケットの液酸および燃料（アルコール水溶液）ターボポンプ（スミソニアン ポール・E・ガーバー施設）**

V2 号の燃料は 75% エチルアルコール /25% 水溶液、酸化剤は液体酸素で、それぞれをターボポンプで燃焼室に送り爆発させる。タービンの駆動は過酸化水素を触媒で水素と酸素に分解させ、その際に発生する蒸気で行う。タービンは２段の衝動型タービンであるが、この写真では噴孔ノズルは見えない。上向きの大きな２つの入口からそれぞれ液酸と燃料（アルコール水溶液）が入り同軸の遠心ポンプで加圧、圧送される。左右それぞれ燃料と酸化剤であるがどちらがどうであるのか特定できない。そして、ともにインデューサ（1段目の軸流タービン）は付いていない。

会議でなければ意味はない。

ところで、事故の対策であるが、設計はやり直しと考えられたが、それでは期間が長すぎるという反論が出た結果、インデューサの軸流ポンプを斜流形にするというアイデアで、この重大な危機は救われたという。

さて、失敗は必ず起る。マーフィーの法則、つまり「絶対起こらないはずのことは、必ず起こる」のである。そしてまた、失敗は成功の基になるのだ。

最後に、そもそも宇宙開発ロケットの原点となった、第二次世界大戦末期のドイツのV2号を図18-11、12、13で説明した。

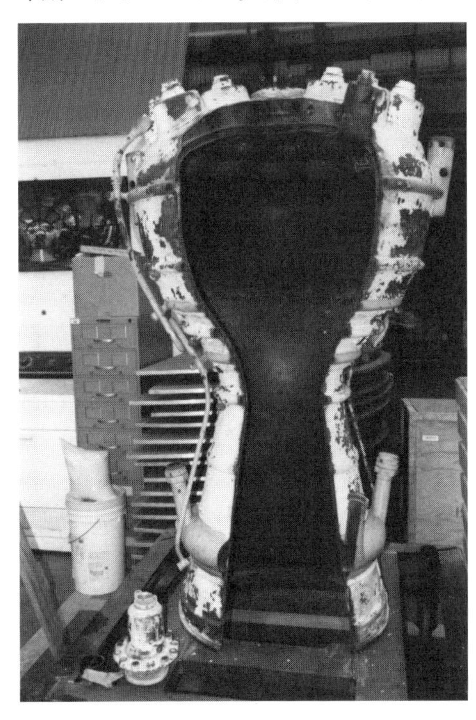

**図18-13：V2号ロケットの燃焼室と燃料および液体酸素の噴射孔（スミソニアン ポール・E・ガーバー施設）**
燃焼室上端に12個の液酸噴射ノズルを持ち、その下の燃焼室内壁に合計24個の燃料噴噴孔を有する。

# 第19章

## ドイツから持ち帰った戦闘機Me163の写真とスケッチを元に緊急開発された

# ロケット戦闘機「秋水」

### 「秋水」の事故は燃料の片寄り

1945年（昭和20年）の7月7日16時55分、尾部から青緑色の炎を噴出した秋水は、離陸推定地で待機する私達の方に向かって猛然と迫ってきた。驚くべきスピードと轟音に圧倒されながら凝視する。車輪が滑走路を蹴飛ばすように浮き上がった。これはロケット戦闘機秋水の隊員であったコンテッサクラブの名誉会長 故高田幸雄氏の実記『神風になりそこなった男達』の一節である。秋水の最初で最後となった試験飛行の開始であった。

機は70度近い角度でロケットならではの急上昇で大空に駆け上がっていったと見えたが16秒後、あたりは突然不気味な静寂に包まれたのである。エンジンのフレームアウト（エンスト）、そして墜落、操縦士犬塚大尉の殉職であった。次の試験飛行に向け緊急対策の間もなく終戦となり、ロケット戦闘機は再び空には舞い上がらなかった[(19-1)(19-2)]。

この事故がなんと1999年の機械学会で論じられたのである。秋水は1944年（昭和19年）の夏、潜水艦と飛行機を乗り継いでもたらされたドイツのロケット戦闘機Me163の若干の写真とスケッチを元に三菱が主務となり、わずか1年ほどで緊急開発された無尾翼機であった。このフレームアウトの原因は燃料吸い込み口がタンクの前方下部に取り付けられていたため、1/3しか入れてなかった燃料が急上昇によりタンク後方に偏り、吸い込み口が露出し、燃料供給が途絶えたためとされていた。Me163の設計では吸い込み口は後方下部であった。なぜ秋水は前方にしたのか？　学会の場での私の質問に対し論文を発表された横山孝男教授の答えは、軍の指示であったそうですとのことで、それは謎として残った。

1944年8月、秋水の緊急開発に合わせて搭乗員の人選が行われ、5000人の中から16名が秋水隊員として選ばれ、高田幸雄さんもそのひとりとなった。隊員はただちに訓練に入り、翌1945年7月の追浜飛行場での試験飛行には計測要員として離陸推定地でその事故を目撃、直ちに救助活動にかかわったのであるが、犬塚大尉は翌日亡くなられてしまった。

1999年のコンテッサクラブの会誌「PD」に私の処女作、コンテッサの前身コンマースのエンジンで、キャブレタの燃料取り入れ口を逆に付けてしまい、急発進時の加速度で燃料が偏ってエンストを起こしてしまった失敗談とともに、この秋水に対する「軍の指示」の真意は何だろうか？　という疑問を提示した。コンマースとはRR（リヤエンジン - リヤドライブ）のコンテッサに対し、コンマースはFF（フロントエンジン - フロントドライブ）の乗用車で、コンテッサの開発途中に急遽浮上した追加開発であった。私の失敗はエンジンそのものを安易に前に移したため、キャブレタフロートチェンバの位置が後ろになり、したがって燃料入口が後ろになってしまっており、加速時に燃料が前にいってしまったのである[(19-3)]。つまり秋水の場合には、上昇時に減速の加速度でも働くのだろうか？　と。高田さんは自身の経験談とともにこの疑問に答えてくれたのである。要約しよう。

秋水隊員は空技廠（海軍航空技術廠）で低圧タンクなどの訓練（わずか3分で10000mまで急上昇するので急速な減圧に耐える訓練）などに明け暮れたが、しばしば夕食後に研究会を行い、アメリカ軍のB29型爆撃機に対する攻撃法が議論されたという。強力な火力と堅固な防弾構造に守られたB29に対して、まともな後上方攻撃では敵の防御火網にさらされ、敵を落とす前にこちらがやられてしまう。そこで敵編隊の前上方で背面になり、B29の火砲の死角である真上30°内を射撃しながら垂直に急降下して、敵編隊の間をすり抜けて退避する戦法を採用することにした。この場合急降下中に燃料が前方に寄ってしまうので、燃料吸い込み口を燃料タンク前下方に変更したとの説明を受けていた。つまり攻撃法の決定とともに三菱側に変更を指示していたことになる、というのだった。

これにより、その真意がわかり、燃料を1/3にして急上昇すれば燃料が途切れることは明らかになったが、1/3にした理由は、そんな構造を知らずに試験飛行での安全を考えた結果であったと理解した(19-3)(19-4)。

しかし、高田さんの説明のなかで、ドイツから持ち帰った資料はMe163B-0型のもので、これは事故多発の結果改良されたMe163-1a型ではなかったということも事故の背景にあるのでは？　とされていたのが気がかりであった。

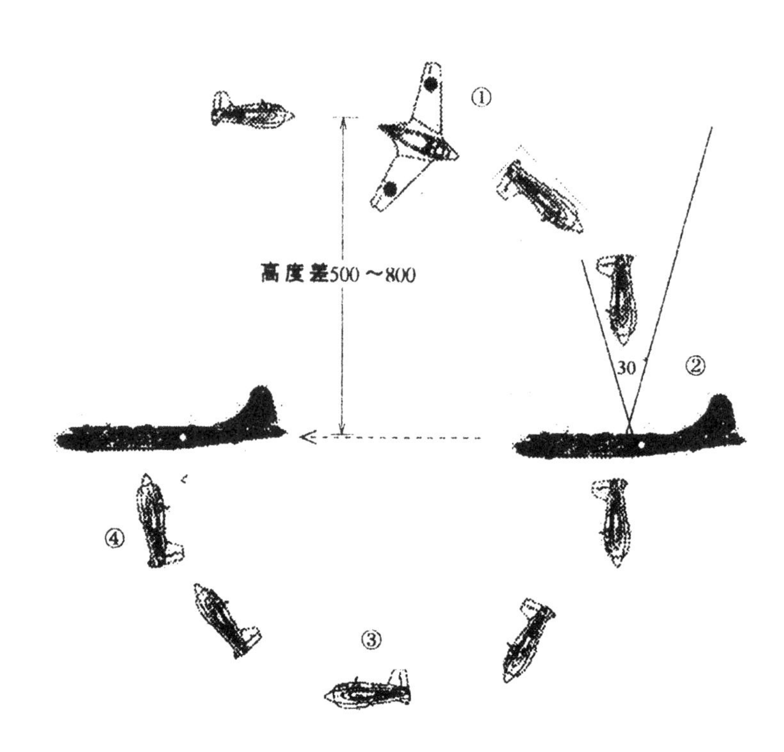


**図19-1：B29爆撃機攻撃法**
B29の前方約500～800m上空で反転急降下し、防御砲火の死角から30mm機関砲で撃墜する。この急降下中には燃料は機体前方に偏るので、燃料吸い込み口を前に付けることにした。
事故後、三菱の富岡隆憲技師は1/3の燃料で飛行されてしまったことに悶々としながらも、三日三晩の徹夜作業でどんな加速度でも吸い込み口が露出しない、小区画室付きのユニークな設計を完了していた。

その後、高田さんを紹介した横山教授から丁重なお礼とともに、その後の研究結果が送られてきた。それによるとドイツでもフレームアウトが頻発、このためエンジンは再着火要素を取り付けて改良されていたが、この情報は日本にはもたらされなかった、とのことで、秋水のエンジン停止は、燃料切れか否かには無縁のフレームアウトであっても不思議ではない、と結論づけられている[(19-4)(19-5)]。

高田さんの葬儀の席、秋水隊の旧戦友とコンテッサクラブの参列者の前で上映された秋水のビジュアル画面では、高田中尉の操縦する秋水がB29を前方上空から背面からの急降下で30mm機関砲を猛射、敵機は爆発炎上して墜落していった（図19-1のような動画であった)。

そしてさらに続くビデオの中で高田さんはコンテッサ1300に乗って静かに霧の中に消えていった。

# 第20章

## 自動車用ディーゼルが里子に出されて日本初の舶用ディーゼルに？

# 池貝4HSD10型ディーゼルエンジン

### その赤子は内火艇に預けられて育った

ある冬の休日、私は月島の舟溜まりに出掛けた。月島とは、徳川家康により摂津の佃村から呼び寄せられた漁民が集まってできた、佃島の一角の埋め立て地である。そこに流れる月島川沿いに多くの漁船が集まっていたのだ。そののどかであったであろう面影は今日ではほとんど失われてはいるが、レジャーボートなどが繋がれ、それなりの風情ではある。その日、波もない川面(かわも)には、冬の陽が遠慮深くそそがれ、誰もいない岸辺のベンチに外国人がひとり、オーバーコートの襟を立てて、ぼんやり水面(みなも)を眺めていた。ヴェランアルシュの水彩の世界だ。

しかし、私はその絵の中に、はなはだ無骨にも旧海軍の「内火艇」を求めにやってきたのである。内火艇とは沖合に停泊中の軍艦に物資や人間（主に士官）を運ぶための全長15mくらいの小型舟艇で、蒸気機関ではなく内燃機関を動力とするので、そう呼ばれたのだろう。実は日本初の舶用ディーゼルエンジンは、この内火艇で実動したのが最初であろうと推定できたのだ。そしてその内火艇がまだ生き残っているということを日本大学の三野正洋先生から伺い、検証したくなったのが、この水辺に誘い出された動機である。

記録によると、池貝鉄工所（以後池貝と略称）は1931年（昭和6年）、日本初の自動車用ディーゼルエンジンを製作し、同年にこれを舶用に転用、帝国水難救助協会に2台納入したとされる。池貝は1918年以降海軍の注文で内火艇用として、ディーゼルエンジンがまだ実用化される以前に、石油エンジンを隅田川造船所（後年海軍指定工場）および海軍工廠に納入していた(20-1)。石油エンジン（Oil Engine）とは主に軽

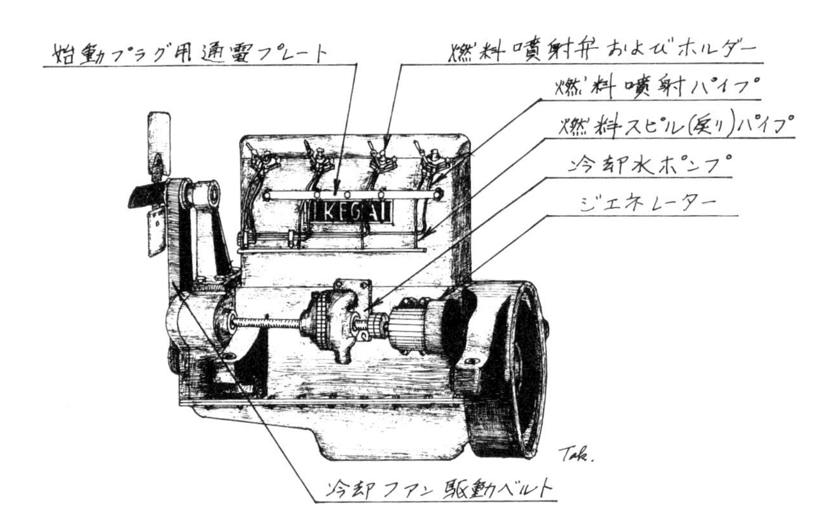


**図 20-1：日本初の舶用および自動車用ディーゼルエンジン 池貝 4HSD10 型**
渦流室の中に加熱用ボールを設け渦流畜熱室と称した燃焼室を採用した。
ボア×ストローク＝ 100mm × 140mm。1930 年製作完。1931 年市場に送った（内火艇）40 馬力 /1400rpm。1934 年自動車用として完。60 馬力（44kW）/2000rpm（ピアスアロートラックに搭載）。燃料噴射ポンプは池貝製で燃料調量用の別プランジャーを備えたもので、燃料噴射圧は 100bar である [20-3]。
IKEGAI のマークを浮かせたフィックスドヘッドのシリンダブロックがクランクケースにスムーズに繋がり、美しい外観である。最近のエンジンは、いろんなものをごちゃごちゃと取り付けて美しくない。近頃の設計者に見習ってもらいたい気持ちになる。

油などを燃料とした圧縮着火エンジンであるが、ディーゼルエンジンとは異なり燃料をシリンダー内に噴射するのではなく、予め加熱して空気と混合させ、吸入圧縮着火させるものである [20-2]。この方式がのちに焼玉エンジン、さらにディーゼルエンジンに発展したともいえる。

石油エンジンを内火艇に使用した理由はエンジンルームが水没しても運転が可能なることという要求に対し、水に弱い電気系統を持たなかったからである。

実は内火艇用石油エンジンはガス電（現日野自動車）でも製作していたことが、2001 年、コマツゼノアの倉庫から発見された設計図により判明した。極めて残念ながら、その図面の日付がかすれて読めなかったが池貝と同じ 60 馬力であるので、併行して納入されたのではないかと

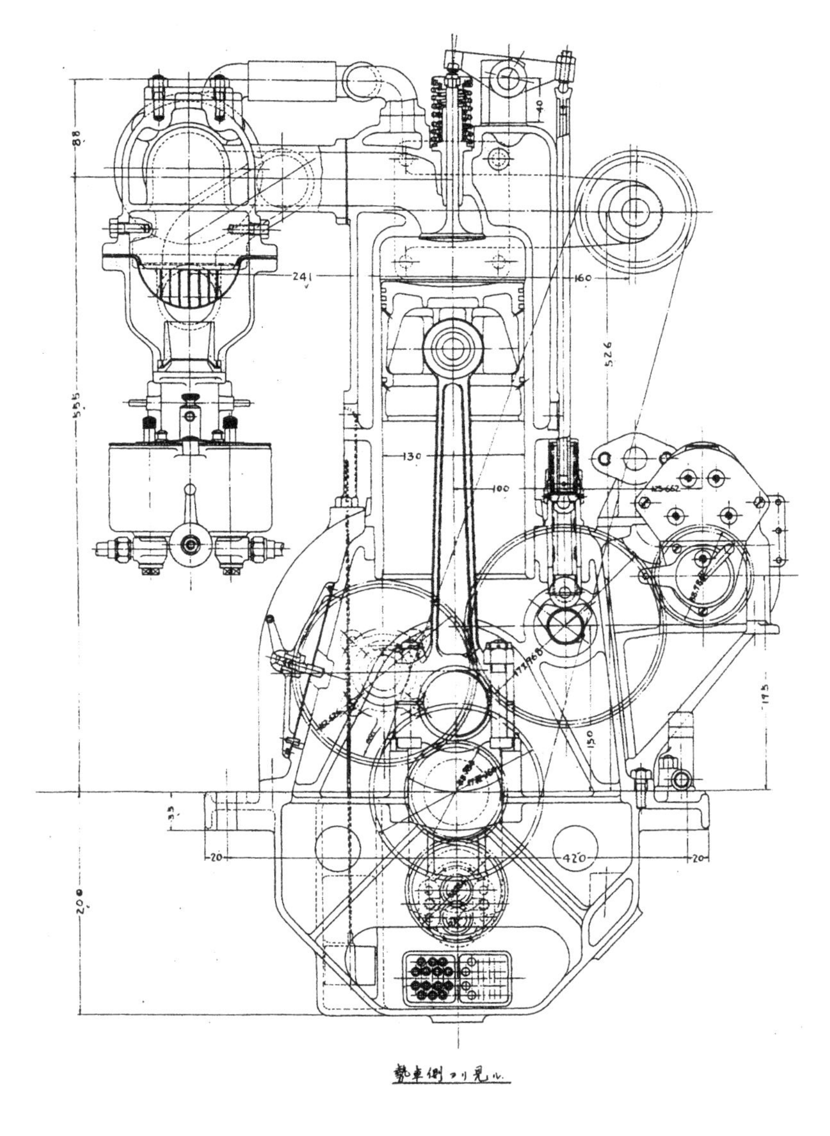


**図 20-2：ガス電（現日野自動車）製石油機関〔Oil Engine〕**
ボア×ストローク＝130mm×160mm、60 馬力（44kW）/1000rpm。すべて推定であるが、左側に大きくぶら下がっているのが、燃料加熱蒸発混合器で、加熱蒸発したガスは、その上部でさらに排気で加熱されて燃焼室に入る。大きなクランクハンドルが付く。フラットな燃焼室で圧縮着火するが、始動が大変だったのではないだろうか？

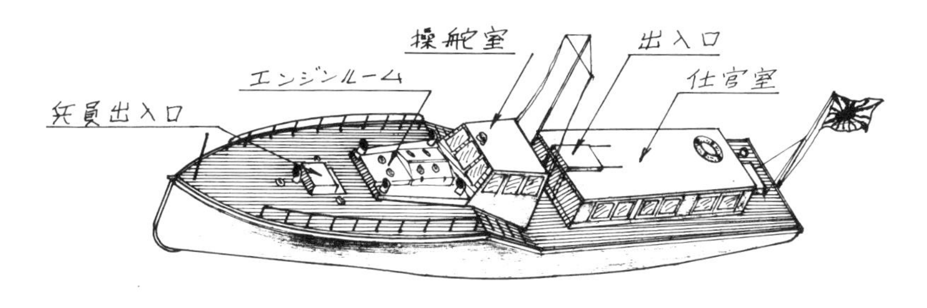


**図 20-3：帝国海軍の内火艇（三野正洋氏の資料からスケッチ）**

**図 20-4：屋型船に変身した内火艇**
本来の屋形船に囲まれ窮屈そうに繫がれていた。もしかしたら山本五十六元帥も乗せたかもしれない！　側面の全景は屋形船の陰で撮影ができないが、特徴ある前甲板への傾斜部はそのままで、かすかに往時を彷彿させる。外面は綺麗にプラスチックでコートされ、木製とは思えない。

憶測される。図 20-3 に内火艇を示す。

さて、目的の内火艇は、この岸辺に隅田川遊覧の屋形船に挟まれ、窮屈そうに私を待っていてくれたのである。しかし、艇内外の装備はすべて外され、屋形船のための厨房を取り付けられ、その発着所に変貌していた。

聞けば、軍の払い下げを受けてボートの桟橋としていたが、木製の艇体の腐食を防ぐべく全体をビニールコーティングしたのだという。尊崇すべき処置をしてくれていたのである。製造の銘板なども残されてはいなかったが、この船がディーゼルエンジンで稼働していたであろうことは充分に推定できたのである。

## 昇華したパイオニア池貝

池貝は1889年（明治22年）、旋盤メーカーとして創業したが、1896年には我が国初の石油エンジンを製作、舶用エンジンも含めた各種エンジンも生産した。横浜港に係留されている氷川丸の燃料噴射用圧縮空気ポンプ他の駆動用補機B&Wディーゼルエンジンも池貝製である（図20-5）。ディーゼル自動車に対してもパイオニアの役割を果たしながら、

**図20-5：池貝鉄工がB&Wのライセンスにより製作、氷川丸の補機駆動用として同船に搭載されている490kWディーゼル発電機の4ストロークサイクルエンジン（日本郵船氷川丸）**

この発電機が3基搭載され（つまり合計1470kW）氷川丸の空気噴射式4044ｋWディーゼルエンジン2基の補機（燃料噴射用圧縮空気用コンプレッサなど）を駆動する。B&W社は、現在はMAN社と合併し、MANB&Wとなっている。

第二次世界大戦中には陸軍の特殊車両に特化させられたこともあって、戦後は自動車への進出はならず2004年には上海電気集団総公司の傘下となっている。

軍の特殊車両のなかで池貝の果たした顕著な功績は戦車用エンジンで、最初の国産89式戦車では三菱と競合したが、97式軽装甲車（豆タンク）では、ガス電設計のオリジナルのガソリンエンジン付きを池貝のディーゼルに換装、エンジンの搭載を含め車輌全体の全面的な新設計を果たした。また昭和天皇の松代大本営行幸用装甲御料車「マルゴ車」に対しても、それなりの貢献を果たしていた(20-3)。

**図20-6：新潟M4Z型汎用ディーゼルエンジンの模型（藤縄 雅氏提供／新潟原動機株式会社の御厚意による）**

ボア×ストローク＝228.6mm×304.8mm、100馬力（74kW）/359rpm。4本のシリンダーのまえの第5番目のシリンダーは燃料噴射用空気の圧縮ポンプ（恐らく3段）である。接続されているギヤボックスは逆転機でミーツ・アンド・ワイズ型（焼玉エンジン用）である。

## 日本初の産業用（舶用、発電用他）ディーゼルエンジンも月島で生まれた

里子に出された自動車用ディーゼルは舶用として稼働したが、そもそもの舶用はどうだったのだろう。くだんの内火艇の存在に関し、あっちこっちに問い合わせているうち、理化学研究所の藤縄 雅さんから「舶用ディーゼルの日本初は新潟鉄工所製で、1919年ですよ」と教えられた。しかも、その模型も持っていますがよろしければ差し上げます、とのことで喜んで頂くことにした。ほどなく模型とともに、なんと新潟鉄工所（現新潟原動機）社史の掲載ページのコピーまで送られてきた。

それによると、同社は1917年ヨーロッパ視察に加藤重男（農商務省海外練習生としても渡米）を派遣、その後イギリスのマーリース社と陸用ディーゼルエンジンの製造および特許権取得契約を締結。A・Bディーゼル社（内容不明）から購入したポーラーディーゼルエンジン（内容不明）を参考に、同社月島工場で製作した。1919年6月2日の深夜、この国産初のM4Z型エンジンの力強い運転音は月島に響きわたったという。このエンジンは焼津町（現焼津市）で「第2大洋丸」および御前崎で「海運丸」に搭載され、ともに従来の焼玉エンジンに比し30%の燃費費用の低減を果たしたという[20-4]。

冬の月島行脚は図らずも日本初の自動車用および汎用ディーゼルエンジン発祥地の巡礼となったのである。

# 第21章

## ヒノサムライの血を引き漁場レースを制した
# 日野エンジン

### 漁業とはボートレース

1980年代の某日、太陽が海の向こうに沈んだ頃、慌ただしく準備を終えた船に私は乗り込んだ。この船は新しい日野の舶用エンジンを搭載した漁船である。エンジンはどんな使われ方をされるのかをエンジン開発者として体感するのが目的である。エンジンはどんな使われ方でも、それに順じた特性を発揮し、お客様に満足してもらわなければならないし、使われ方によっては思いもかけないところが故障しないとも限らない。それぞれ開発中に対応しておかなければならない。開発が終わっても実際の働き状況を検分するのである。

さて、船は出港の準備ができたからといってすぐには出発はできない。漁場を荒らさず秩序良く漁を行うため出港時刻は決められているからである。

すると、突然エンジンの轟音が響くや否や船は全力で走り出した。一刻も早く良い漁場を確保し、1匹でも余計に捕るのだ。「揺れますよ」とは言われていたが、電車の揺れなんていうもんではない。まさに手すりにしがみついていなければひっくり返る勢いである。起きぬけに準備体操もせずいきなり100m競技に出場するようなものだ。手すりにつかまって側舷を覗く、外に出られるものなら出たいと密かに思ったのだが、とてもそんなものではない、40ノットくらいは出ているのだろうか？　魚雷艇には乗ったことはないが、このスピードは魚雷艇並なのだろうか。エンジンは全力で回り続け、やがて、今度は突然アイドリングとなる。漁場に到着である。

船長は漁網の作業を終え、「さあ休んで下さい」と言いながら、生簀の脇に来た。船のど真ん中に生簀があるのは気がつかなかったし、いつからこんな生きのいい魚がその中で泳いでいたのかも知らなかった。船長は「これがいいか！」と言って1匹捕まえ、たちまち3枚におろし、醤油瓶からの醤油をかけ、一升瓶からついだ茶碗酒を振舞ってくれる。船路も豪快なら、暗闇の波間の酒席も豪快であった。魚は美味いし、酒もまたよからずやの世界ではある。

エンジンはとろとろと回りっ放しである。潮に流されないだけのスピードで回しておくのだ。

間、数刻、まだ暗いのに他の船のエンジン音が聞こえる。帰り出した船だ。船長は、ねばる。ねばりねばって、1匹でも多く捕るのだ。そして帰路。エンジンは全開、快調、どんどん追い抜いて行く。一刻も早く獲物を市場に持ち込むのだ。

この漁船用エンジンを売り出したのは、自動車の第6章で紹介したレースエンジン YE28 を日野自動車に在籍中に設計したN氏である。日野が乗用車から撤退したあと、独立して海のレースエンジンを売り出していたということである。彼のレースエンジンは 1966 年（昭和 41 年）

**図 21-1：夜とともに魚雷艇に変身する漁船（ヤマハ発動機株式会社の御厚意による）**
全長約 15m、約 5 トン。

**図 21-2：ヒノサムライ（1966 年〜）**
1966 年 8 月、日本ドライバース選手権大会でクラス優勝を果たした日野 GT プロトを知ったBRE のピーター・ブロックは、当時 BRE にいた筆者にそのエンジン、YE28 の詳細を尋ね、それを搭載した GT プロト車を設計、製作した。それがヒノサムライである。折悪しく 1967 年に日野はトヨタと業務提携、その条件が乗用車からの完全撤退であったため、YE28 の搭載は日本では叶わず、ピーターは来日したものの空しく帰米した。その後何者かが YE28 をアメリカに持ち込んでおり、これを搭載したヒノサムライは C クラス・スポーツで 3 回の優勝を果たしていた。
YE28 の設計者は当時日野に在籍していた N 氏であったが、彼は日野の乗用車撤退を機に船用エンジンの商売に転向した。沿岸漁業の漁船は漁場獲得のため、その出港帰着はまさにレースであり、ヒノサムライの血を引く日野マリーンエンジンは漁場レースも征していたのである。

の全日本ドライバース選手権大会で、日野ＧＴプロトに搭載され、総合3位（クラス優勝、1位はポルシェカレラ、2位はフォードコブラ）を果たしていた。さらにその後アメリカに渡ったYE28は、カルフォルニアBRE社のピーター・ブロック設計の「ヒノサムライ」に搭載され、Cクラス・スポーツで3回優勝しているのだ（図21-2参照）。

いうなれば日米でレース場を制したエンジンの血を引いた日野のエンジンは、今、日本の沿岸漁場の一画を制していたのだ。

そもそも日野自動車が漁船用エンジンに手を出したのは第二次世界大戦が終わって2年目の1948年である。その前年1947年には日野は在庫のあった1式兵員輸送車を利用したトレーラトラック、バスを発売し辛うじて軍需工場としての解散を免れ、壊滅に瀕していた輸送力の再建にいささかの貢献を果たし、さらに食糧危機に喘ぐ民需に漁船用エンジンを提供し、これにもいささかの貢献を果たしていた。トレーラトラックバス用には戦車用100式空冷DB53エンジンを、漁船用には軍用車用100式水冷DA54エンジンを、米軍が持ち込んだGMグレイマリン上陸舟艇用エンジンを参考に、漁船用に改造して提供したのである。

年月(としつき)は巡り、日野のエンジンはヤマハ発動機との提携でヤマハディーゼルとして漁船およびプレジャーボートに搭載、活躍したのである。

しかし、今、水産資源の85%が適正水準の上限かそれを越す過剰捕獲の状況にあるといわれ(日経2015年12月)、一方新興国の食生活が豊かになり需要が増え、外国漁船も近海漁場を狙い資源危機が叫ばれる昨今、漁場も漸次遠のき漁獲は減り、高齢化も進み、沿岸漁業も衰退を免れず、漁船産業も縮小しつつあるのが現状である。

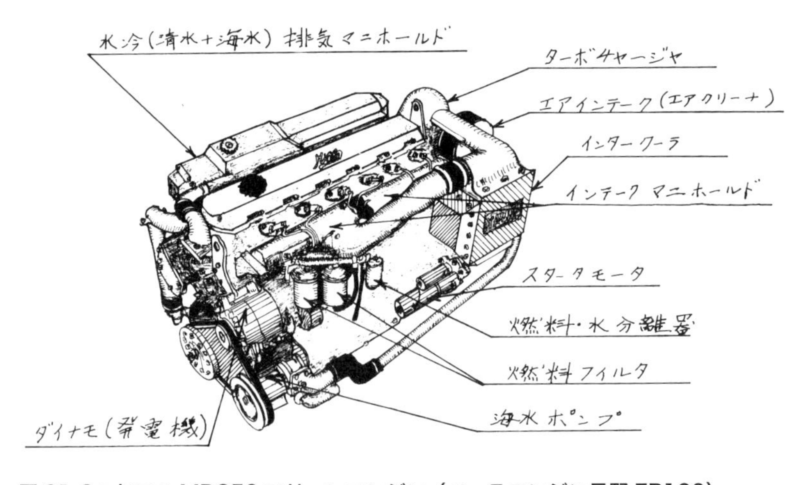


**図21-3:ヤマハMD859マリーンエンジン(ベースエンジン日野EP100)**
日野EP100(P09)エンジンをベースとしたヤマハの舶用エンジンには多くのバージョンがあるが最大の出力のものは470馬力(346kW)/2200rpm、ボア×ストローク=117.8mm×130mm、排気量8501cc。

エンジンを見よう。図 21-3 に、漁場のレースを制覇したヤマハ MD 859 エンジンを示す。ベースエンジンの日野 EP100 は前著で紹介した世界初のダウンサイジングエンジジである。慣性過給の長い鼻はコモンレール電子制御燃料噴射ポンプの出現でなくなってはいるが、舶用はベースの自動車用とは様変わりの変身である。

まず、自動車用ではすぐ目につくラジエータ用の冷却ファンがない。この場合、エンジン冷却は清水であるが、エンジン冷却後、排気マニホールドも冷やすのである。これは安全のためである。これには海水も一緒に利用する。混ぜる訳ではなく熱交換機（ラジエータ）によって清水を海水で冷やすのだ。このため図に示すように排気マニホールドは大きな箱となる。吸入空気はエンジン後端から入り、ターボチャージャで圧縮されインタークーラで海水により冷やされる。海水はエンジンに取り付けられた海水ポンプで必要箇所に送られる。これらの冷却系は自動車用と違って清水と海水両方を使うので、その系はいささかややこしいが図 21-4 に技術的補足として説明する。

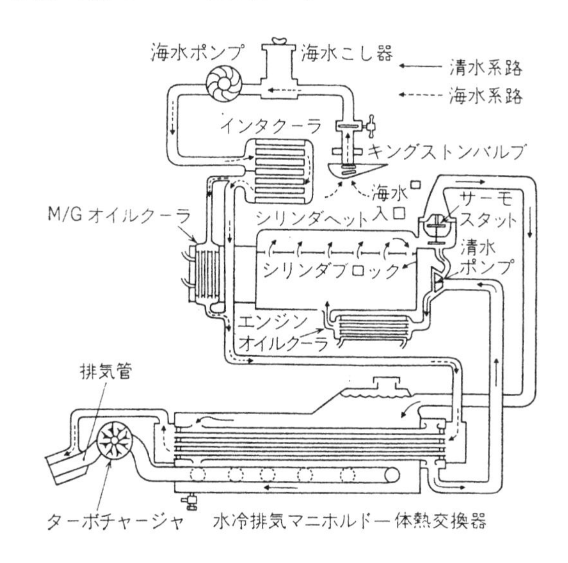


**図 21-4：冷却系**
船底のキングストンバルブと呼ばれる取水口から、海水をエンジンに備えられた海水ポンプにより吸引し、まずインタークーラでターボチャージャからの吐出空気を冷却後、水冷排気マニホールドに入る。その途中でマリンギヤ（M/G）のオイル冷却を行う場合もある。

# 第22章

## ブリキの玩具と揶揄された
# 日本の戦車



### 役に立たなかったのは最初の戦車が間違ったわけではなかった

日本の戦車は第二次世界大戦時、アメリカ側の準備がなかった初戦の一時期は別として全く役に立たず、ブリキの玩具と揶揄され、サイパン島などでは陸軍の主力であった97式戦車は、砂浜に砲塔だけ出して埋められ、大砲としてしか使えなかった。こんな技術の遅れをもたらしたのは、凝り固まった精神論が主因ではあったが、非力で重くバルキーなエンジンのために装甲も火力も、重量、容積が増加できず貧弱となってしまったのではないか、と思っていた。

日本最初の89式戦車はその範をイギリスのビッカース戦車に取ったといわれる（そんなことはないという説もあるが、外形はそっくりである）。ビッカースのエンジンはサンビーム160馬力の航空ガソリンエンジンであった。サンビームとは1899年（明治32年）に設立されたイギリスの自動車メーカーの老舗で、第一次世界大戦を機に航空エンジンに進出し、軽量高出力の特徴を誇った。エンジンの重量等の詳細はわからないが、同社は当時9.1リッター170馬力、その後8.8リッター100馬力6シリンダ航空エンジンも開発している。後者の重量は何と240kg（補機なしで）という資料がある[22-1]。ビッカース戦車には前者の9.1リッターかその変形が用いられていたのではないかと想像され、重量のデータはないが同様に軽かったはずである（サンビームは第二次世界大戦後、ヒルマンのメーカー、ルーツグループに属し、スポーツカー「サンビーム・アルパイン」を日本にも輸出している）。

89式戦車はビッカースのこのエンジンに替えて、当時ガス電で国産化したダイムラー航空エンジンのOHCをOHVに変更して搭載した。整備性が理由だったのだろう。出力は118馬力であった。サンビーム

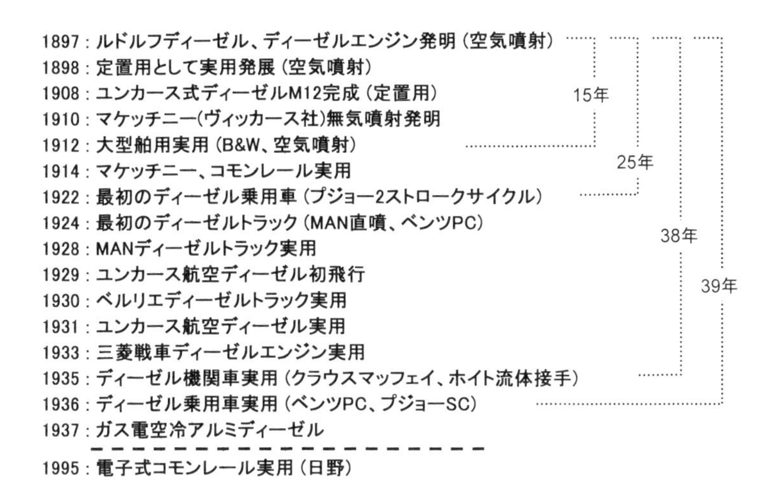


**図 22-1：交通機関用ディーゼルエンジンへの道のり**
自動車用、つまり高速小型ディーゼルエンジンの最初の試みはルドルフ・ディーゼル自身も開発に携わったザフィアで、1908 年のことであるが、みごとに失敗した [22-3]。
世界初の実用化されたディーゼルトラックは 1928 年 MAN、ついでベルリエが 1930 年、三菱は 1933 年に戦車用としてこれを開発、まがりなりにも実用に供したのである。

とダイムラーとの重量は不詳ではあるが、ともに軽量アルミの水冷航空エンジンであった。これを軍命により空冷ディーゼルエンジン（120 馬力）に換装した。車輌用空冷ディーゼルも世界初であっただろうが、これが重くバルキーなエンジンになった原点ではなかろうか、と漠然と想像していた。このあたりを確かめたかったのである。つまり、ディーゼルエンジンの採用は、その防火性、経済性は誰しも認めようが、この重さとバルキーさは換装した時点で、設計上なんの抵抗もなかったのだろうか？　火力も装甲も犠牲にならなかったのだろうか？　現物を見てみよう。

そのエンジンは、三菱重工の大型エンジン群が詰まった倉庫の片隅に小さく陳座していた。このエンジンこそが、1930 年代の初頭 1933 年（昭和８年）に完成したものである。つまりいくつかのメーカーが、自動車用ディーゼルエンジンの実現を試み、敗退する中、列強に伍して完成したものであったのである。

自動車用ディーゼルエンジンは1930年代に入って一挙に実用化し始めた。その端緒はロバート・ボッシュ（Robert Bosch）が自動車用の高速ディーゼルエンジンのキーテクノロジーとして小型燃料噴射ポンプおよびガバナーを完成し、1928年、いきなり1000台の量産を果たし、世界に販売した(22-2)。まずボッシュにテスト用エンジンの母体を提供していたMAN社が、同年1928年にディーゼルトラックを初めて実用化し、ついでベルリエが1930年、三菱もほぼ同時期の1933年にこれを完成、実用化したのだ。

一方さらに小型の乗用車用ディーゼルエンジンは1936年、やはりボッシュの燃料噴射ポンプを装着したベンツ260Dの登場で幕を開けるのである(22-3)。ボッシュが自動車用燃料噴射ポンプの研究を開始してから

**図22-2：恐らく世界初の自動車用（戦車用）空冷ディーゼルエンジン三菱A6120VD型（三菱重工蔵）**

軍命に従ったまでとはいえ、燃料噴射ポンプまで国産化できたのは立派である。ポンプは右側面に小さく取り付けられているが、大きな三菱のマークが誇らしげに付いている。
ボア×ストローク＝130mm×180mm、空冷、直噴、14.3リッター、120PS/1400rpm。

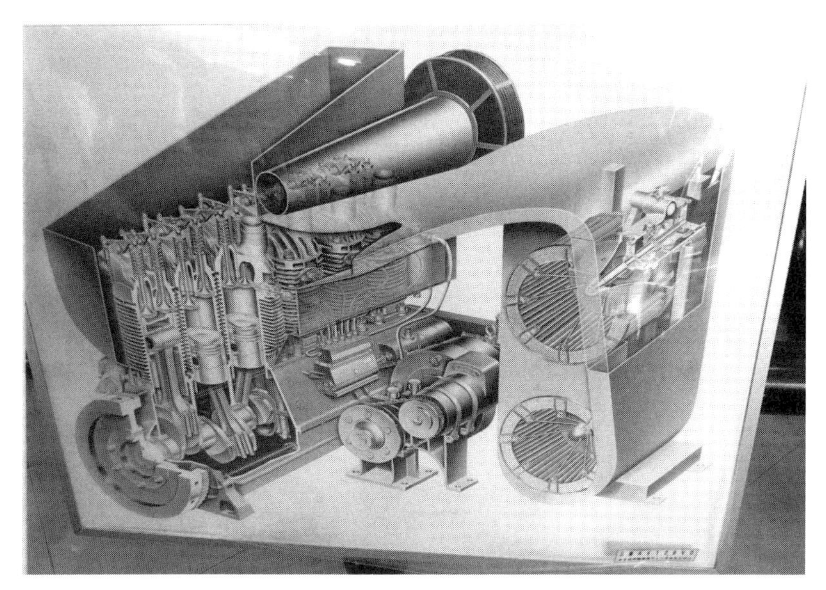

**図 22-3：冷却ユニット構成図（エンジンの前に展示されている）**
エンジンの大きさと略同じぐらいにバルキーな 2 台連結のシロッコファンにより冷却空気は、駆動用かと思われるモーターを跨いでエンジンに送られ、冷却後は反対側のシュラウドを経て車外に排出される。

**図 22-4：89（ハチク）式戦車（アバディーン戦車博物館）**

14年目、創業者であったロバート・ボッシュは75歳になっていた[22-2]。

さて、くだんの89式戦車用空冷エンジンである。それは展示エンジンとともにあった構成図22-3に示すように、大きなシロッコファンを2つ並べた冷却ユニットを別置きにして空気ダクトをエンジンに繋ぎ、冷却後の空気は、エンジンの反対側からシュラウドを経て車外に排出するという設計であった。

うーん、バルキーだよな、エンジンと同じぐらいの大きさのユニットではないか。こんなものが狭い戦車に収まるのか？　という課題を掲げて89式戦車の中を覗いてみた。

図22-5がそのスペースである。この中に世界初の空冷自動車用エンジンは悠々と収まってしまったのだ。つまり最初はごく自然になんの抵抗も感じられなかったということで、バルキーという印象はシロッコファンを両側に抱いた後年のV型エンジンからであった。

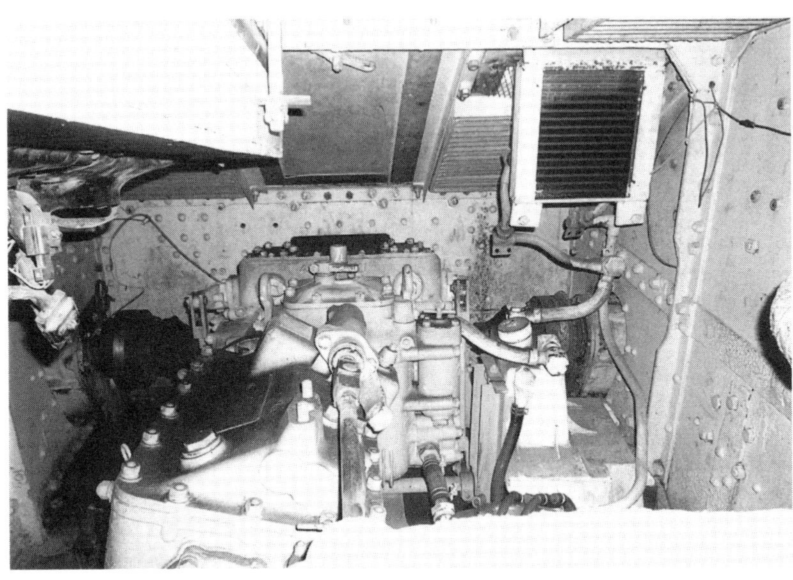

**図22-5：89式戦車のエンジンスペース**

意外にも中央の駆動系の両側は悠々とスペースがある。装甲と火砲もそれなりに整えた。エンジンはお好きなところに陣取ってくださいといわんばかりの環境に、三菱ディーゼルエンジンは車輌の左側（写真では右側）のスペースに、冷却ユニットは右側のスペースに無理なく収まってしまっていた。空冷ディーゼルはバルキーだという一遍の印象もない。

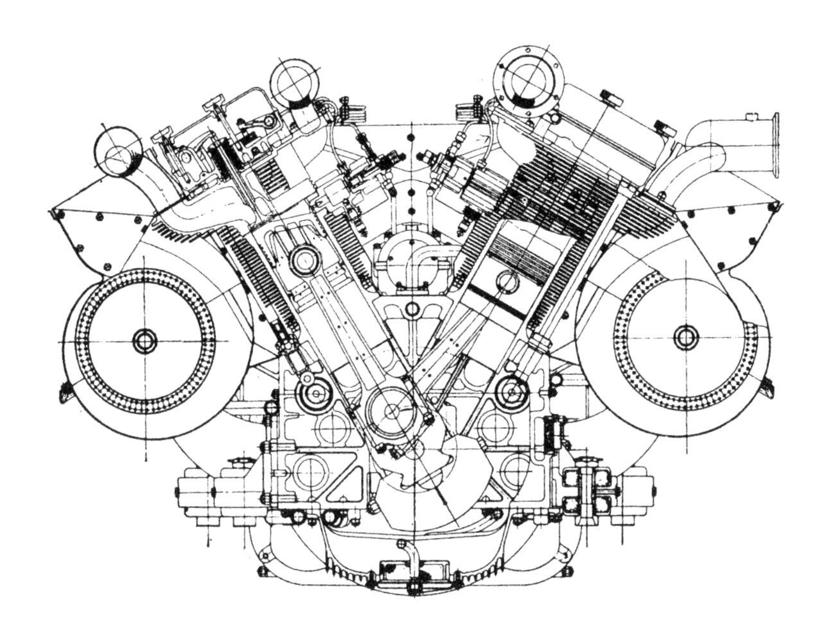

**図 22-6：4 式中戦車（チト）用 三菱 AL 型エンジン**
第二次世界大戦中最後の国産戦車用エンジンとなった。
予燃焼室式空冷ディーゼルエンジン。
主要諸元：ボア×ストローク=145mm×190mm、38L、空冷アルミエンジン、400PS/1800rpm、最小燃費率 198g/PSh。

## 作る物の目的は原点に遡って整理すべき

89 式戦車は筆者が小学生の頃、日中戦争で勇名を轟かせ、そして戦死した西住戦車隊長の戦車として銀座通りに展示されていた。弾痕もいくつか残っており、感激したものであった。そのときはなんの知識なかったが、戦車のない当時の中国軍相手では使えたのである。

僥倖にも中を覗くことができた 89 式戦車は、肝心のエンジンはすでに外されており、デフケースが車体中心線上に置かれ、そこから車輪駆動軸が左右に繋がっていた（図 22-5 参照）。本来の 89 式は当初ダイムラーの航空ガソリンエンジンを、ガス電が側弁式に変更したものが車体後部の左に置かれていた[22-4]。これを軍命によりディーゼルエンジンに換装したのだ。このときに既述の大きな冷却ユニットを作って右側の空間に置き、その間をダクトで繋いだのである。ディーゼルエンジンの選択自体は正解ではあったが、エンジン自体の長さは車体の約1/3を占める。なんともバルキーな設計で、軽量コンパクト化も特に意識した様子もないようで、この大きな空間に無理なく、そして火力も装甲も犠牲にする意識もなく、自然に収まってしまったようである。設計者（吉田毅氏）によると、ダイムラーの水冷ラジエター用の2個のシロッコファンをそのまま利用したとしているので、ダイムラー水冷エンジンにシロッコファンが2個付いていたような記述である(22-5)。通常、自動車用水冷エンジンにはシロッコファンは用いず、軸流のいわゆる冷却ファンであるので、このへんは不詳ではあるが、オリジナルのものはシロッコファンだったとしても1個であったのではなかろうか？

89式の8年後の1937年（昭和12年）に97式戦車が誕生した。エンジンは陸軍が決めたボア/ストローク、120mm/160mmのV12型、200PS/2000rpm、装甲は25mmであった。関係者は会心の作と自賛したが、1939年に勃発したノモンハン事件（ソ連と日本との満州、現在の中国東北部における国境紛争）では、新鋭97式もソ連のBT型戦車には火砲、装甲共貧弱で歯が立たなかったのである。しかし、一方のBTも日本軍歩兵の肉薄火炎壜攻撃で簡単に火災を起こしたが、3ヵ月後の第二次ノモンハン事件の後半では、ソ連はなんとディーゼルエンジンに換装しており、火炎壜を投げても火災にはならず、いたずらに多くの犠牲を出したまま停戦となった（ノモンハン事件は5月に勃発したが第一次は5月末には終了、第二次は7月に始まり9月まで続いた）。極めて敏速にディーゼル化したソ連に対し（ディーゼル化BTの部隊配備はもっと後なので否定する向きもあるが、ソ連の指揮官はかの名にし負うジューコフ元帥に替わっており、彼なら開発中の航空ディーゼルへの換装処置は充分にやってのけただろう）、一方、日本はこの貴重な戦訓を得ながら、その動きはまことに遅く、97式戦車の大砲が強化されたのは1941年、太平洋戦争が始まった年であった。要するになにもせずに第二次世界大戦に突入、なんとも哀れな戦を演じるのである。日本は貧乏だからこそ、あわてなくてはいけなかったのである。あわてた人々もいたはずであろうが、軍人精神が足りないといわれ、見えない重い空気に動けなかったのであろうか？　1936年に89式戦車の火力、装甲が貧弱すぎるとして、せめて火力（大砲）だけでも強化すべきと具申をくりかえした椛卓司大尉は、軍人精神がなっとらんとして、軍医学校付属病院に強制入院させられてしまった。なんとも重い空気ではないか！

他人ごとの故事ではない。今日でも、会社は重い空気に閉ざされぬよう、技術者は勇気を持って空気を軽くしなければいけない。近年の某社の再三の不祥事も社内の空気が重かったのではないだろうか？　しかし重い空気を感じ取ったなら、戦車というものの原点に戻ってその目的を整理すれば、本来戦車はこうあるべきだという観点が自ら明らかになり、空気をはね退けなければならないという意識が生まれたはずではなかろうか？　つまり、当時の中国は戦車がなかったが、列強と対峙するなら敵は必ず戦車を持ってくるであろう。となれば我が方はそれ以上の火力、装甲が必要となり、当然機動性もそれ以上が必要となり、新戦車のイメージも自然に出てくるはずである。

1941年、真珠湾攻撃が始まった年、1式戦車ができた。装甲は50mmとなり、47mm戦車砲を搭載した。エンジンは240馬力/2000rpmであった。

この年、日本は初戦の勝利に浮かれていたが、ドイツ軍は東部戦線に出現したソ連の新鋭T34戦車に大変な恐惶をきたしていたのである。ドイツ軍の対戦車砲の命中弾はすべてはね返され、新鋭3号戦車は玩具と、罵しられて簡単に破壊され進撃は頓挫した。ドイツはしかし、ただちに火砲、装甲を強化したパンサーおよびティーガー戦車を緊急開発し、前線に投入、戦闘は互角に勝負できた。しかしである、高出力ディーゼルエンジンの開発は間に合わずT34の航続距離は300kmに達していたが、ドイツ軍戦車はガソリンエンジンのため150kmの走行でガス欠となって立ち往生し、T34に踏みにじられていたのである。T34の装甲は最初45mmであったがすぐに65mmに改良され、しかも前面はその傾斜によって大雑把にいって、これは3倍の装甲厚さに相当するという。エンジンは直噴水冷ディーゼル、出力は500馬力/2000rpm。

**図 22-7（a）：T34 のカットタンク**
通り一遍の調査に終わらず、分厚い装甲をカットしてまで、とことん認識しようとしたイギリスの技術者に敬意を表しよう。そのくらいこの戦車のショックは強烈であったのだ。日本はノモンハンでBT 戦車を捕獲していたが、残念ながらそれはガソリンエンジン付きの前期型であったようだ。

**図 22-7（b）：T34 戦車のエンジンルーム（エンジンコンパートメント）**
ぎりぎりに押し込められているT34 のV（or B）2エンジン。これにくらべると 89 式は茶室に座布団を2枚敷いて招客を待っているような余裕だ（図 22-5 参照)。

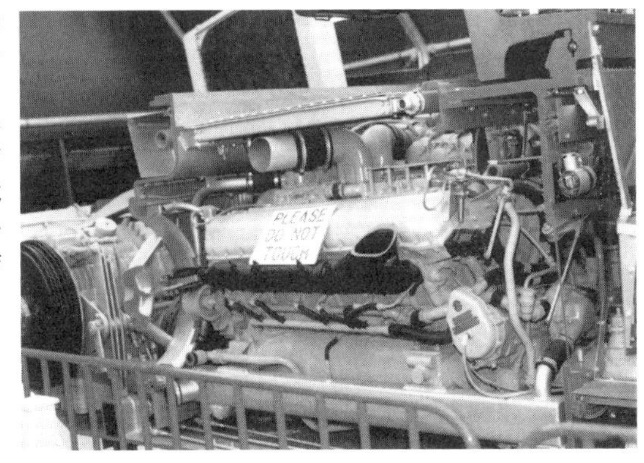


**図 22-7（c）：T34 の冷却系**
後端の軸流ファンにより空気は外部から上面に設置したラジエターおよび車軸に付けた左右一対の操舵用ブレーキを冷却して外部に抜ける。

76.2mm の戦車砲である（これはすぐ 85mm の戦車砲に換装される）。

さて、この T34 を真二つにカットした戦車が、イギリスのボビントン戦車博物館にあった。それを覗いてみると、分厚い鋳鋼製砲塔と全面の傾斜した装甲板が目につく。後部のエンジンを見よう。500 馬力の V12 型は小さなエンジンルーム（エンジンコンパートメント）にすっぽりと収まり、ラジエターは駆動軸のブレーキ冷却を兼ねた軸流ファンで冷却される。このレイアウトにも舌を巻かざるを得ない。

この時代、日本は 1943 年 3 式戦車（75mm 戦車砲、装甲 75mm、エンジン、空冷 V12、240 馬力）、1944 年には 4 式戦車（75mm 戦車砲、装甲 75mm、エンジン空冷 V12、400 馬力）を、さらに 1945 年にはエンジンを川崎 BMW、550 馬力、水冷ガソリン航空エンジン付きの 5 式戦車となったが、これは 1 台製作されたところで、戦争は負けた。4 式戦車（チト）も量産には至らず、戦争には間に合わなかった。

図 22-6 に第二次世界大戦最後の戦車用国産ディーゼルエンジン、三菱 AL 型エンジンの断面図を示した。出力は 400 馬力、最小燃費率は 198g/PSh であった（T34 の V2 エンジンはそれぞれ 500 馬力、170g/PSh）。

ここまで述べてくると、もう言は要さない。要するに日本の戦車は 2 世代も遅れていたのである。なぜか？

別記のソ連の遠大な国家戦略に対峙するすべもなかったであろうが、用兵者、あるいは軍のトップだけに責任を押しつけてはいけない。勉強もしなかった、重い空気を押しのけようとしなかった、ものも言わなかった、行動もしなかった技術者も責任の一端は負うべきである。それは、戦車はいかにあるべきかという目的と目標を、原点に帰ってはっきり持たなかったからである。つまり相手は列強でなければならず、列強の一流戦車に立ち向かうならば装甲も火砲も機動性つまりエンジン出力も、この程度は必要という目標がなければいけなかったのだ。残念ながらその適切な目的、目標値を定め、その完成に邁進した模範回答が T34 であったのである。

# 第23章

## ディーゼルの宗主国ドイツを征した V2（ベー）エンジン

### T34ディーゼル戦車の跳梁（ちょうりょう）に ディーゼルエンジンができなかったドイツ

1941年（昭和16年）7月、すなわち日本が真珠湾攻撃を敢行した5ヵ月前、破竹の勢いで進撃していた東部戦線のドイツ軍機甲兵団の前に、その日、突然見たこともない、しゃがんだような格好のソ連軍戦車がトウモロコシ畑から姿を現した。ただちに数台のドイツ軍戦車が射撃を加えたが、弾丸はその大きな砲塔に当たって跳ね返されるだけだった。ソ連軍戦車は農道に沿って向きを変え始めた。その農道の端には37ミリ対戦車砲が待ち受けていた。迫り来る戦車にドイツ軍の砲手たちは、いち早く砲弾を浴びせかけた、が、戦車はビクともせずドイツ軍陣地に押し寄せ、その幅の広いクローラ（キャタピラ）で、対戦車砲を土中に踏みにじり（文献23-1から流用）[23-1]、さらにその大きな砲でドイツ軍の新鋭3号戦車を玩具のように吹き飛ばしてしまったのである。ソ連のT34戦車の登場であった。ドイツ軍の進撃は頓挫し、目標のモスクワは遠のき、ドイツ軍は大きな衝撃と狼狽に支配されたことは既述した。しかし、さすがドイツ、装甲も火砲も互角に戦える新鋭パンサー、さらにティーガー戦車を緊急に開発しこれに対峙したが、残念ながらそのエンジンはガソリンエンジンであった。そのため、航続距離がディーゼルエンジン付きのT34の半分となり、ガス欠での立ち往生は、なぶり殺される憂き目を意味した。ディーゼルエンジンを発明したドイツが、T34に対峙できる軽量高出力ディーゼルエンジンの緊急開発ができなかったのである。

1920年以前、コサックの騎馬軍団ぐらいの認識であったロシア軍のこの傑出した戦車の出現の謎を探る前に、ドイツがなぜディーゼルエンジンの開発ができなかったのか、その背景を探ろう。

1937年、ドイツは来るべき戦争に備えて、各社ばらばらの設計であった軍用トラックをすべてひとつの設計に統一、生産と補給の合理化を図った。エンジンも1種類とした。アインハイトディーゼル（Einheits Diesel、統一ディーゼル）と称し、燃焼方式も空気室式に統一した（日本の統制型はこれを真似したもの）。次の10社が参画した。すなわち、Büssing、Daimler Benz、Henshel、Hansa-Llovd-Goliath、Humboltd-Deutz、Junkers、Kämper、Krupp、MAN、Vomagであった。燃料噴射ポンプはボッシュとデッケル（Deckel）、エンジンはボア×ストローク＝105mm×120mm、6234cc、出力80〜85PS/2400rpm、圧縮比16：1であった。1933年、ヒトラー政権が樹立し、1935年には再軍備を宣言、翌1936年にはラインランドに進駐し、1938〜1939年にはチェコスロバキアとハンガリーの領土問題に介入したが、この軍事行動に、このアインハイトディーゼルが動員されたのである。ところがこのトラックはトラブル続出、特にエンジンはシリンダヘッドの亀裂という致命的欠陥を暴露し、水ポンプなども多数損傷した[23-2]。空気室式というのは空気室という副室を持つもので、ここからの噴出空気流のため熱負荷が高く、そのための損傷であった。

一方1928年にディーゼル飛行機の初飛行を成功させ、1937年にはアムステルダム〜ベルリン間の定期便にユンカース205型エンジン搭載のユンカースF24型が就航し、注目を集めていた。しかし1937年のスペイン戦争でのユンカース爆撃隊のディーゼルエンジンの評価は、はなはだ不評であった。出力性能の不足の他、耐久性、回転安定性不良などであった。大きな致命傷となったひとつが、始動時の排気黒煙により、長波の無線通信が妨害されヒトラーを激怒させてしまい、これらのことからディーゼルエンジンは撤退させられガソリンエンジンが主流となっていた。T34のディーゼルショックはそんな時期で、ドイツの戦車はほとんどがマイバッハのガソリンエンジン付きであった。しかもT34は大量に整備されていたのである。

## T34戦車への赤い絨毯を敷いたトハチェフスキー

飛びぬけた威力を持ったT34戦車は、ソ連陸軍が発想したわけではない。では誰が発想したのか？　原点を探ろう。

1932年、ソ連は航空ディーゼルエンジン研究開発という大規模の国家プロジェクトを立ち上げた。これは、当時ソ連陸軍の総師であったトハチェフスキー（M. N. Tukhachevskiy）元帥の主導であったことは航空用第17章で既述したが、そこで示した表17-1をもう一度参照して頂きたい。

1926年、トハチェフスキーは赤軍の軍備と基本戦略を総括、軍略の基本理念（Military doctrines）を、1929年にはいわゆる戦陣訓（Field Regulation）を発布した。それは旧来の歩兵と騎馬軍団から航空機と戦車軍団への脱皮であった。これは彼の深攻戦術（Deep Battle）深攻戦略（Deep Operation）として発展した。基本的には急速に敵の背後にまわり自軍のテリトリーを逐一拡大するというものである。そのためには機械化兵団の整備、したがって多量の戦車の整備が必要となる。

この見解はスターリンの許可を得、レーニンの後を襲い権力を拡大したスターリンは彼の5ヵ年計画に組み入れ、車輌およびトラクター工場もモスクワ、スターリングラードなど数ヵ所に新設し、戦車の量産を優先させた。

当然設計者技術者も不足し優遇策も実施、外国の設計も買い、独自のものも育てた。深攻戦略には高速戦車を必要とする。初めて前輪駆動の自動車を作ったアメリカのジョン・ウォルター・クリスティー（John Walter Christie）は戦車の設計者としても名を馳せたが、彼は、戦車は高速で行動し、走り回り有利な体制を確保するのが先決と断じ、100km/h（舗装平坦路）で走れる戦車を作り上げ、アメリカ陸軍に売り込みを図っていた。アメリカ陸軍は参考的に少数台を購入したものの、結局こんな突飛な戦車は要らぬと大量契約はしなかった。クリスティーは開発費の回収がままならず悶々としていたのである。これに飛びついたのがソ連である。深攻戦略にはもってこいではないか！　アメリカ陸軍を刺激しないため農業用トラクターという名目で輸入し、そしてコピーしたのである。でき上がったのがBT戦車（Bystrochodyi Tank、高速戦車）であった。そして彼らにとって幸いなことに、生きた実験の場がたちまちやってきた。前章にも書いたが、1939年のノモンハン事件である。日本が満州事変で作り上げた満州国と現在の中国北部との国境紛争、つまり日本とソ連との戦争である。広大な満州（現中国の東北部）の高原での戦車戦はBT戦車に対し、日本は10年前に開発した89式戦車で対峙した。89式戦車の速度は25km/h、BT戦車は42km/h、さらに大砲も装甲も日本はおよぶべきもなく惨敗、急遽投入した1937年開発の97式戦車でも歯が立たなかった。一方、BT戦車も日本兵の肉迫火炎びん攻撃で簡単に火がつき、日本軍は戦車の劣勢を歩兵の肉弾でカバーしたのである。しかし、2ヵ月後の第二次ではなんとBT戦車はディーゼルエンジンに換装し、火炎びん攻撃は封殺されてしまったのである。

## 青年技師コーシキンの登場

BT戦車のディーゼル化は2ヵ月でできた訳ではなかった。BT戦車は次々と改良され、当初の37mm砲は、BT5では45mmとなり、1938年のBT7では76mm砲が搭載された。ディーゼルエンジンはBT5から搭載されていた。旧型のBTでは燃えたがBT5以降なら燃えなくて済んだという話のようだ。

1936年ハリコフの工場から、ミハイル・コーシキン（Mikhail Koshkin）がチーフデザイナーとして抜擢され、ハリコフの設計チームを連れて着任し、BD2エンジンを設計したと、文献には記述されているが、ハリコフのUNIADI（ウクライナ研）では1931年に航空ディーゼルN-3を開発しており、これがBD2そのものだろうと推測される。ディーゼルの範をフィアットのN-1航空ディーゼルに、V12の構造はフィアットの、あるいはクリスティー戦車に搭載されていたイスパノスイザの、航空ガソリンエンジンに範をとったのであろう。これがV2エンジン（※注1）の基本となったと推定される（第17章参照）。トハチェフスキーの深攻作戦で、敵陣内に深攻すれば当然敵は戦車で迎え撃ってくるであろ

**図 23-1：フィアット AN1 航空ディーエルエンジン（フィアット博物館　内田盾男氏の御厚意による）**
これがウクライナ研で解析され BD2 型エンジン、さらにベー2 型に繋がったのではないかと推測される。
AN1 エンジン諸元：ボア×ストローク＝140mm × 180mm、16.6L、160～220 馬力（118～162kW）/1500～1700rpm。
後部両脇に 3 シリンダ用の燃料ポンプを各 1 個取り付け、さらに始動用圧縮空気の分配機も取り付けられているが、これは T34 用 V2 エンジンとそっくりである。

う。これに打ち勝つためには大きな大砲、多くの弾丸、敵の攻撃に耐える厚い装甲、そして軽快に走り回らなければならない。BT 戦車は BT7 まで発展したが、これをベースに基本条件を練り直して完成したのが T34 である(23-3)。

コーシキンは当時誰も考えたこともないだろうと思われる 67mm の大砲を載せ、47mm の防弾鋼板は傾斜させた。傾斜させることでその効果は装鋼板 3 枚の厚さに相当する。軽快に動き回るという基本条件は、当然小型高出力の航空ディーゼルに行きつくことになる。

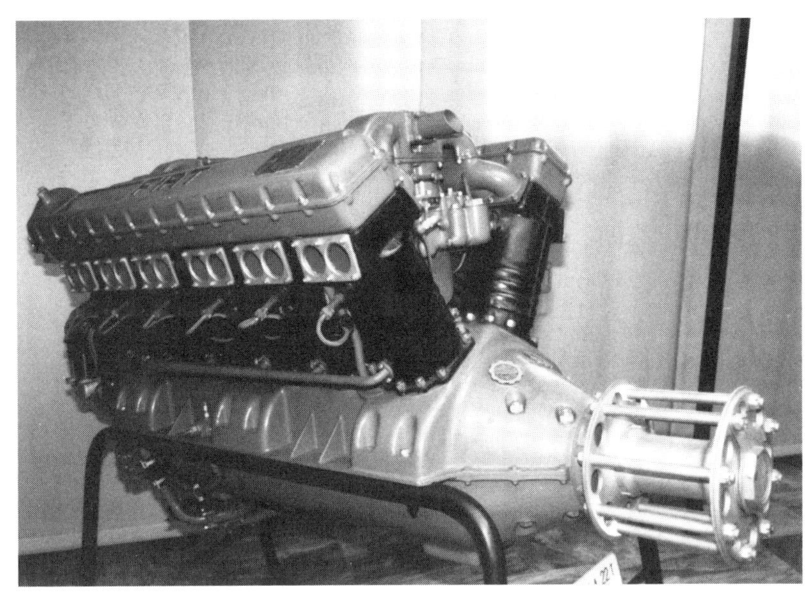

**図 23-2：フィアット A22T 航空ガソリンエンジン（フィアット博物館　内田盾男氏の御厚意による）**
V 型エンジンのレイアウトはこのエンジンとかイスパノエンジンとかを参考にしたのだろうと推測される。
A22T エンジン諸元：ボア×ストローク＝ 135mm × 160mm、27.9L、550～590 馬力 (404～434kW)/1900～2100rpm。

## 群を抜く T34 戦車の V2 ディーゼルエンジンもまた、群を抜くエンジンであった

BT 戦車のディーゼルエンジンをベースとした T34 の V2 エンジンはアルミを多用した巧妙な構造のエンジンである。図 23-4 にその断面を、図 23-5 にその外観を示す。

可動部分以外はアルミ合金製の軽量エンジンであるが、詳細を知るにつれ驚くべきエンジンであることがわかった。分捕った T34 戦車の V2 エンジンの報告が戦中の 1943 年に VDI（ドイツ機械学会）から、驚きをもって出されている。

VDI の調査によれば [23-4]、ディーゼル化はフランスの Coatalen を参考にしたとしているが、同社はユンカース 2 ストロークディーゼルエン

ジンとイスパノスイザガソリンエンジンとがあるが、ともにディーゼル化の参考にしたとは考えにくい、既述のようにディーゼル化はフイアット N1 航空ディーゼルを参考にしたと睨んでいる。

まず V2 エンジンの構造上の特徴は図 23-4 に示すように、アルミ合金製のシリンダヘッドとクランクケースの間に、図面上で黒く塗った断面の薄肉のアルミ合金製シリンダブロックがあるが、これがヘッドとクランクケースにボルト（正確にはスダットボルトを使ったアンカーボルトともいう）で止められていることである。普通の航空ガソリンエンジンではシリンダヘッドとシリンダブロックは一体で、これがブロック下端（フランジ）でクランクケースに止められているが、燃焼の爆発圧力が大きいディーゼルエンジンではシリンダブロックの強度がもたないので、ボルトに助けてもらうこのような構造を採ったのである（日野 DS21 型 V12 エンジンも同じ構造である）(23-4)。

次に図 23-5 にその外観のスケッチを示すが、そこに見られるように上部クランクケースと下部クランクケースの間が、PTO（動力取り出

**図 23-3：T34 戦車（アバディーン戦車博物館）**
初期の T34/76、76mm 砲装備のもの。

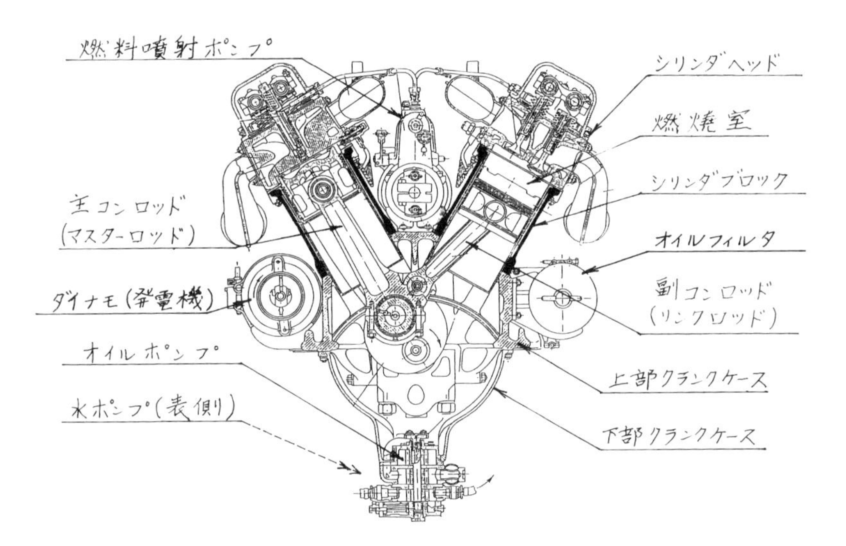


**図 23-4：V2 エンジン縦断面図（原図：岩田大三郎氏の御厚意による）**
シリンダ、動弁系、ムービングパーツ以外は基本的にオールアルミエンジンである。
シリンダおよびシリンダを嵌めこんだシリンダブロックは極めて薄肉で、ディーゼルエンジンの大きな爆発圧力（大略 10MPa 以上、ガソリンエンジンでは数 MPa）を支えるため 1 シリンダ当たり 4 本のアンカーボルト（スタッドボルト）で支えられている（図では蔭のため見えない）。
燃料噴射圧力は開弁時 200bar、噴射弁は 0.2mm、7 噴孔であるので噴射圧力はおよそ 600bar。潤滑系はドライサンプ、潤滑ポンプと水ポンプ（図では見えない）はエンジン下端に並べて配置されたロバストな設計である。

し口）の蓋で塞がれている。これは戦車とは関係なく、このエンジンが土木機械など他の用途において動力を必要とする場合、クランクシャフトに繋ぐための穴が此処に設けられているからである。飛行機のエンジンがそこまで考えられて設計されたのだ。またバンクの谷間のジブリのアニメ、トトロの足のようなもの（ちょっと見にくいが）は始動用圧縮空気の分配器である。

エンジン始動は通常の電気スタータとともに、この圧縮空気を着火順序にしたがって各シリンダに供給して行う。

電気スタータは変速機の上に取り付けられているので図にはない。寒冷時始動にはさらにもうひとつの工夫が重ねられている。下端の水ポンプの上に燃料フィード（燃料供給）ポンプが取り付けられている。フィードポンプは通常燃料噴射ポンプに備えられており、こんなところにはない。これも寒冷時の始動に関係しているのである。通常、燃料は燃料噴射ポンプに送られるが、燃料は、その時のエンジンの負荷に応じた必要量だけが調量されて燃料噴射弁からシリンダ内に噴射される。そこで調量に洩れた、つまり余分になった燃料は燃料タンクに戻される。ところがV2エンジンではこの余った燃料を燃料タンクではなくクランクケース（オイルパン）に戻すのである。

低温になるとオイルパン内のオイルの粘度が大きくなり（極端の場合固まって）エンジンの始動ができなくなるので、この燃料をオイルに混ぜて粘度を下げるための手段である。しかし、戻す燃料の量が多すぎると粘度が下がりすぎて、肝心の潤滑が不良となり極端な場合にはエンジンは焼付く恐れがある。

そこで、噴射ポンプに送る量を予め多すぎないように制御してやればよいとして、制御機構を付けるスペースがあるベーン型のポンプを仕立てたのであろう。日本だったら、こんな提案をしたら「お前バカか、エンジンはすぐ焼付くぞ」と一喝されておしまいとなったであろうが、ロシア人はこんな大胆な設計をやらかしていたのだ。恐らく現場の知恵だろう。現場とのコミュニケーションの良さがわかる(23-5)。

今日ではバッテリーもスタータも、さらに潤滑油の特性も当時とは格段の進歩を遂げているので、この革新的な技術も過去のものになってはいる。

上述したVDIの報告では、諸元値も公表値よりすべて優れているが、600馬力（440kW）/2000rpm,165g/PSh（224g/kWh）重量810kgとしている。出力当たり重量は1.35kg/PS（1.84g/kW）で国家プロジェクトの目標値は達成しているが、実用になったユンカースの0.7kg/PS（0.1kg/kW）にはおよばなかった。このプロジェクト活動で実用化した航空ディーゼルエンジンの方は、結局はガソリンエンジンに換装され短命に終わってはいる(23-6)。

T34に話を戻せば、戦車自体の設計も、またエンジン自体の設計も

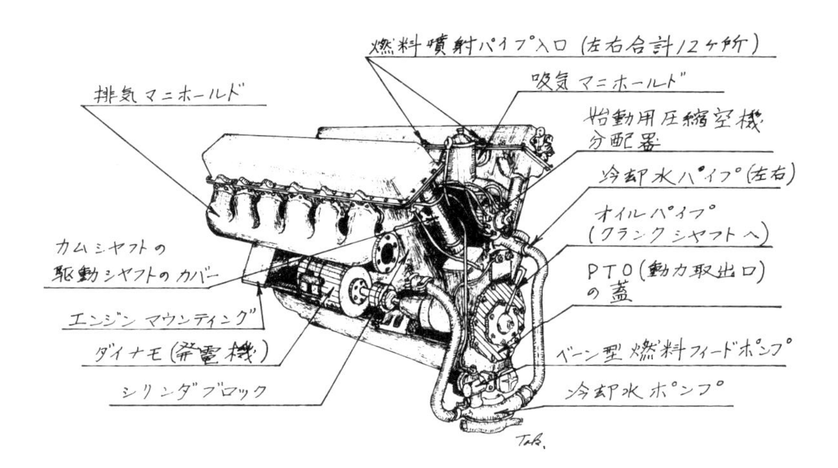


**図 23-5：T34 戦車用 V2 エンジン**
軽量コンパクトなアルミエンジン、原点は航空ディーゼルエンジンとして企画された。ボア×ストローク＝150mm ×{180mm( 主コンロッド側 ) および 86.7mm（副コンロッド側)}、60° V12、38.9 L 圧縮比 15：1、500 馬力（370kW)/1800rpm、燃費 170g/h (230g/kWh)（VDI 報告ではそれぞれ 600PS/2000rpm および 165g/PSh)。

まことに見事といわざるを得ない。

技術思想の勝利である。つまり原点に帰って条件を整理、求める技術を四海から謙虚に導入し、目標は大胆に最大値に挑戦するということである。

戦争が終わったとき、コーシキンはすでに病没、トハチェフスキーはかのスターリンの大粛清に無実の罪で銃殺されていた。

そして、兵器というものは、その陰に実に多くの犠牲を伴う宿命を持っている。これらの一切の犠牲にあらためて感謝を捧げるとともに哀悼の意を表し、冥福を祈るものである。

※注 1：V2 は英語表記、B2 はロシア語表記、W2 はドイツ語表記

# 第24章

## 崑崙の高嶺の彼方に大地を削る

# 日野エンジン

### 崑崙の夢どころではない現実

旧制3高（第3高等学校 現京都大学）の寮歌「逍遥の歌」の一節に「通える夢は崑崙（こんろん）の高嶺の彼方ゴビの原」という一節がある。崑崙の高嶺とは中国古代の伝説・神話に登場する高山ではあるが、現実のチベットの堺にある高山でもある。旧制中学の頃、意味もわからず口ずさみ、夢のような空想の世界にあこがれていた。

この高嶺の彼方に自分達が育てたエンジンが逍遥しているとは当時の

**図24-1：崑崙の高嶺、標高4450mの「崑崙山口」で稼働中のコベルコのパワーショベル（J08Eエンジン）**
生身の人間が無防備でいきなりそこに立たされたら高山病で即刻倒れるだろう。強烈な紫外線は人肌をたちまちむしり取るに違いない。退避テントの脇でパワーショベルも一服だ。

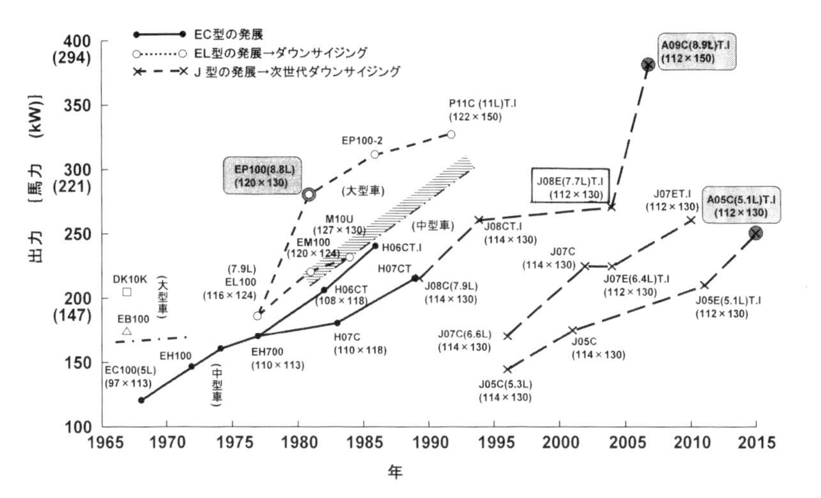


**図 24-2：1967 年以来の中型エンジンの増殖進化**

1966 年に日野は乗用車から撤退、その部隊を中型トラックの開発に当たらせた。中型トラックは総重量 8 トン以下と規制されており、積載量は 3.5 トンというのが常識であった。これに対し、家本潔専務（後副社長）は総重量 8 トン、積載量 4 トンの新トラックの開発を命じた。このチャレンジャブルな命令に対し、エンジン部隊は原点から説き起こして軽量高出力 EC100 型をもってこれに応えた。たまたま乗用車時代に耐久性を考慮したボア、ストロークはいかにあるべきかという理論研究を手掛けており (24-1)、これをベースに開発したのが EC100 型トラック用エンジンで、幸い図のような進歩発展を遂げ、さらに発展しつつある。ここに述べるパワーショベル用は図の中央右肩に四角に囲んで示した J08E エンジンの建機向け仕様のものである。

空想を遥かに超えるものであった。もとをたどれば中型商用車用として、1967 年（昭和 42 年）に、まっさらに、その基本に戻って開発したエンジンがいうなれば増殖進化し、半世紀後にそのひとつがコベルコ建機（株）のショベルに搭載され、崑崙の山を削っていたのだ（図 24-2 参照）。

図 24-3 にそのエンジンを示す。最新の最も厳しい $CO_2$ を含む排ガス規制に適応できる構造であるので、色々なものが張り巡らされており、急には意味がわからない。そのなかで大きなスペースを占める吸排気システムを図 24-4 に示す。

その中核をなすコモンレール燃料噴射システムについては、自動車用第 7 章で既述したが、サプライポンプで高圧化した燃料をコモンレール

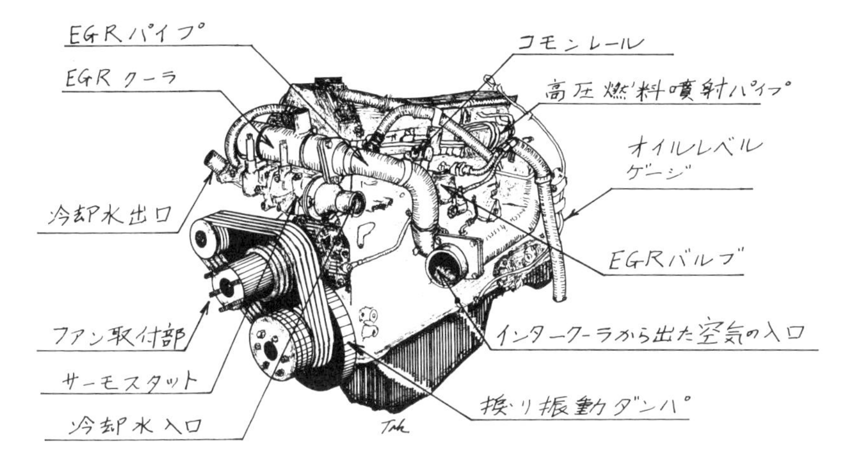


**図 24-3：建機（建設機械）用 J08E エンジン**

ボア×ストローク =112mm × 130mm、7.7L、209kW（285 馬力）/2100rpm。

一見、各種各様のパイプ類に覆われていてエンジンそのものが見えないし、冷却ファンの駆動が 4 本ものベルトによるもので異常に大きい。このパイプ類はいうなれば、すべて温暖化対策、排気対策によるものであり、さらにエンジンの基幹が温暖化、燃費対策の基本となる高圧電子制御式コモンレール燃料噴射システムである。

に貯め、エンジンの運転状況に応じた噴射量を適切な時期に電子制御の力を借りて噴射するものである。

しかし、燃料の質も、それを供給できるインフラが整っている先進国では問題はないが、それらが未達の地域では、この最新技術をまとったエンジンはたちまち止まってしまう。そのために、ひと昔前の構造（技術）のエンジンで対処させる向きもある。さらに局所問題だからといって許容する風潮さえある。しかし、後世の人類社会に汚れのない地球を残さなければならないのは、技術を駆使する技術屋の使命である。未開発地域だからといって古いエンジンを売っていいのか？　崑崙の高嶺を含めた多くの現場の作業環境は極めて過酷で、夢どころではなかった。難題ではあるが、それに向き合った事例を見よう。

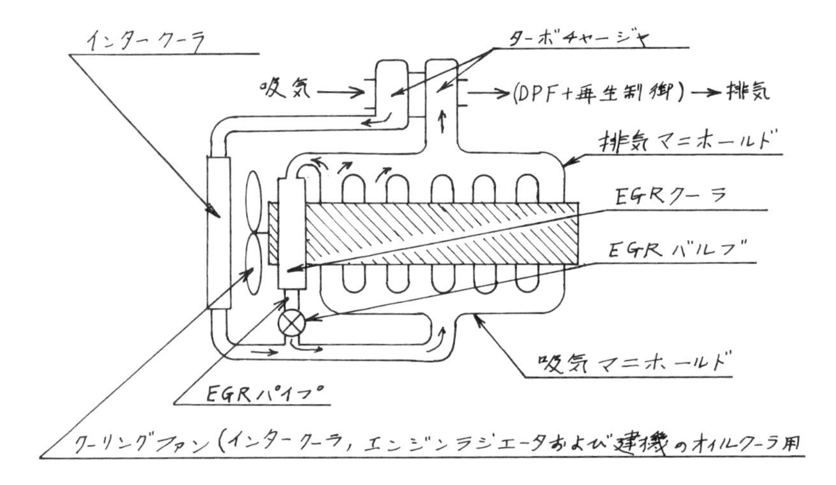


**図 24-4：吸排気システム**

エンジンを覆う吸排気システムを示す。NOx 対策、および燃費対策のため、ターボチャージャから吐出される高温空気をインタークーラにより冷却してシリンダに送るが、さらに排気の一部を吸入空気に混ぜるいわゆる EGR（Exhaust Gas Recirculation）システムを備える。この目的も NOx 対策と燃費対策に他ならない。EGR 量を最適に制御するため EGR バルブを備える。図中の冷却ファンの説明にあるように、自動車用は自身の冷却水のラジエターのみであり、かつ走行風にも助けられる、しかし建機（建設機械）などの搭載エンジンは一般に走行風はのぞめないし、自身のインタークーラ、EGR クーラのほか建機の駆動用オイルの冷却も引き受けなければならない。建機は自動車用とは比較にならない高負荷、高速運転の頻度が高く、その駆動オイルの冷却機能もまた高くなければならない。当然大型のファンが必要で図の例では 4 本のベルトで駆動されている。

※インタークーラと EGR の説明：インタークーラにより吸入空気を冷却して密度を高め空気量を増して出力を増し、そこに排気の一部を戻すこと（即ち EGR）で混合気の比熱が変わり（正確には比熱比＝定圧比熱／定積比熱が大きくなるので熱効率が上がり）燃費向上に寄与する、また混合気の温度を下げると NOx も下がり、同じように比熱比も大きくなる。

**図 24-5：中国で石炭露天掘りに活躍中のショベル（左）と搬出用トラック（右）**

露天掘り中に自然着火している石炭の傍らで採取している、もうもうたる粉塵の中から積み込んだ石炭を搬出する。

### カラシニコフに迫るロバスト性を発揮できた最新コモンレールエンジン

旧ソ連のカラシニコフはどんな過酷な条件下、例えば泥水に浸かってしまってもすぐ使用できるという優れた銃を発明し、そのロバスト性を誇った。一方、電子制御コモンレール燃料噴射システムは300MPa（3000気圧）でも作動できる超精密機械であり、泥水に浸からされてはたまらない。しかし、ゴビ砂漠を含む多くの過酷な作業現場から逃避すべきではないのである。

石炭露天掘りの現場の一例を図24-5に、そこから帰還したパワーショベルのエンジン状況を図24-6に、また現場で手作りの燃料補給スタンドを図24-7に示す。この粉塵の現場が、標高5000mになんなんとする崑崙の強烈な紫外線と希薄な大気の中である。ロマンチックな寮歌どころではない。

**図24-6：現場から帰って来たエンジンは埃のなかに埋もれている**
中央の横長の太い棒がコモンレールで、そこから各シリンダに供給される高圧燃料を送るパイプがわかるが、いずれもバッチリと粉塵で覆われている。

**図 24-7：現場に作られた燃料スタンド、ローリー用のタンクなどが砂山の上にただ置かれている**

この過酷な作業場環境対策の第一は取り扱い説明の徹底で、コモンレールシステムの機能と、それを維持するための現場を意識した取り扱いの説明（書も含む）と、その実務である。

第二は空気フィルタ、燃料フィルタの強化などハード面の対策、つまり現場を意識した設計の工夫である。

エンジンの耐久性信頼性は当然基本設計に関係するが、幸いにして基本設計の良さに救われていることは大きい。

図 24-7 に示す崑崙の山肌は過酷作業現場の一例であるが、全く似たような環境は広い世界ではまさに至るところにある。どのような環境でも最新のクリーンディーゼルは働いているのである。

# 第25章

## 往年の名機と最新の名機との邂逅　その1

# 日野最古参DSエンジン

### 河川敷で見つかったエンジン

連日じめじめと雨が降るようで、そうでもないようで、傘だけは手放せなく、一方で貯水池の水枯れが報じられる6月のある日、旧知のNさんから突然分厚い手紙が届いた。

日野DS70エンジンを積んだ機関車を利根川の河川敷で見つけたというのだ。

DSエンジンというのは第二次世界大戦が終わって5年後の1950年(昭和25年)、日野が戦後初めて新規開発したエンジンである。

この機関車とそのエンジンを見ようと話をしているうちに、機関車メーカーが加藤製作所であることがわかり、それではそこも訪問しようということになった。同社は現在、クレーン、油圧ショベルの大手で創業は1935年の名門である。そのクレーンには日野のエンジンも搭載されており、ちょうど新規制対応の最新型E13Cエンジンの搭載について打ち合わせ中だという。それでは機関車のお話も伺い、最新エンジン搭載の状況も見学させていただこうということで、日野のメンバーも含め訪問することにした。

片や往年の名機、片や最新の名機、70年の星霜を経て、同じ婚家のテーブルでの邂逅となったのである。

### 日野DSエンジン

戦争に負け、軍用特殊車両（豆タンクや塹壕掘車など）専門の軍需工場であった日野重工（日野自動車の前身）は解散を余儀なくされ全員を解雇した。工場設備は戦時賠償の指定を受け閉鎖されてしまった。しかし、平和産業として最出発すべく指定解除の陳情を続けた結果、設備は中国に持っていかれずに済み、40 歳以下の従業員を再雇用、日野産業として再出発したのである。GHQ（連合国軍最高司令官総司令部）が生活必需品の製造なら軍需工場であっても工場再開も可としたからである。

製品としたのは在庫として残っていたハーフトラック（前輪が普通のトラック、後部はクローラ）の装甲兵員輸送車を、クローラを普通の駆動軸に改良するなどして新開発したトレーラトラックであった。開発は家本潔（後年副社長）主務で推進、終戦翌年の 1946 年には発売に漕ぎつけた。前輪独立懸架、エンジンは戦車用統制型空冷 DB53 のこのトラクタトレーラは勇ましい爆音を立てて走った。続いてバスも作った。それには同じ統制型の水冷 DA54 を搭載、1947 年に完成した。その後部座席に座ると、その巨大さが実感できた。それから 5 年後の 1950 年、利便性に勝る単車 TH 型トラックと BH 型バスを開発、その搭載エンジンが DS であった。それは DS10 から始まり DS90 まで発展、さらに高速バス専用の水平対向 12 シリンダの DS120 さらに DS140 まで発展した。あとで知ったことであるが、学生時代、たまたま通学に使ったバスがこの BH 型で、このバスにタッチの差で乗り遅れ「ソレー！」と何人かで追いかけ、次のバス停で捕まえて（捕まえさせてもらって？）講義に間にあったことが何度もあった。つまり情けのあるエンジンであった。

### 利根川の河川敷に春夏秋冬の句中にいた

くだんの機関車は、1949 年（昭和 24 年）に建設省関東地方建設局が購入したものである。戦後のごたごたはなお片づかず、物資もまだまだ不足しており、食糧も配給制では足りず、田舎への買い出し列車が法の目をくぐり走っていた頃である。

それは、度々の洪水に見舞われた利根川流域の堤防工事に使われ、1971 年頃ようやくダンプトラックにその仕事を引き継いでもらい、河川事務所の脇に安住したのである。

その「PD 型 7 トン」と呼ばれる機関車を見よう。エンジンは DS70 が搭載されているが、機関車ができた当初はまだ DS エンジンは開発さ

**図 25-1 (a)：加藤製作所製 PD 型 7 トン機関車機**
軌間（ゲージ）は 610mm。

**図 25-1 (b)：そのチェンドライブ部**
巨大なチェーンである。

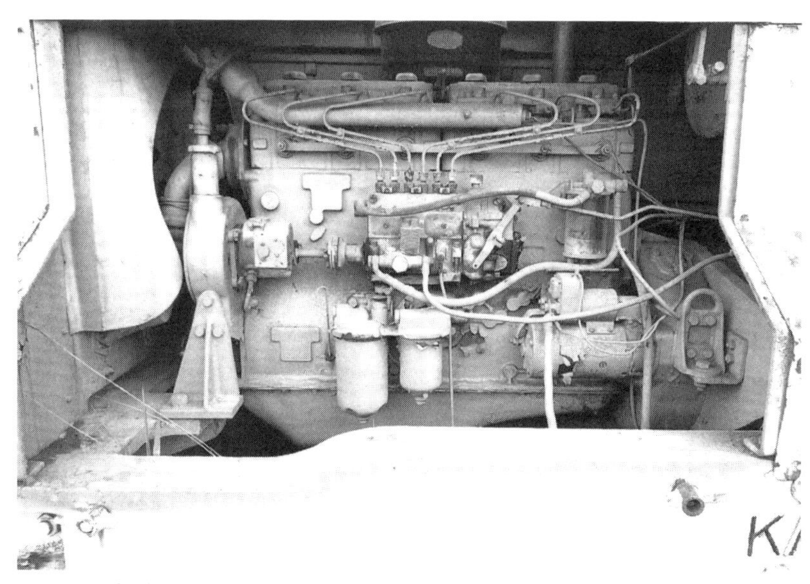

**図 25-2：搭載エンジン日野 DS70**
初代から 9 年目、1959 年の開発である。ボア×ストローク＝ 105mm × 135mm, 7 リッター。70 馬力（51.5kW）/1500rpm、自動車用は 140 馬力（103kW）/2500rpm。
噴射ポンプ後部のレバーが付いている部位がガバナで、汎用エンジン向けの RSV 型。

れておらず、統制型の発展型であるDA55エンジン（DA60との記録があるが同No.は存在しない）であろうということがわかった（前著に紹介した木曽川で発見した機関車のものはDA57であった）。

機関車のボンネットを開けてエンジンを見よう。日野DS70、70馬力（51.5kW）/1500rpmである。DA57では噴射ポンプのガバナは機関車用の特製ガバナが付いていたが、このエンジンでは一般汎用エンジン向

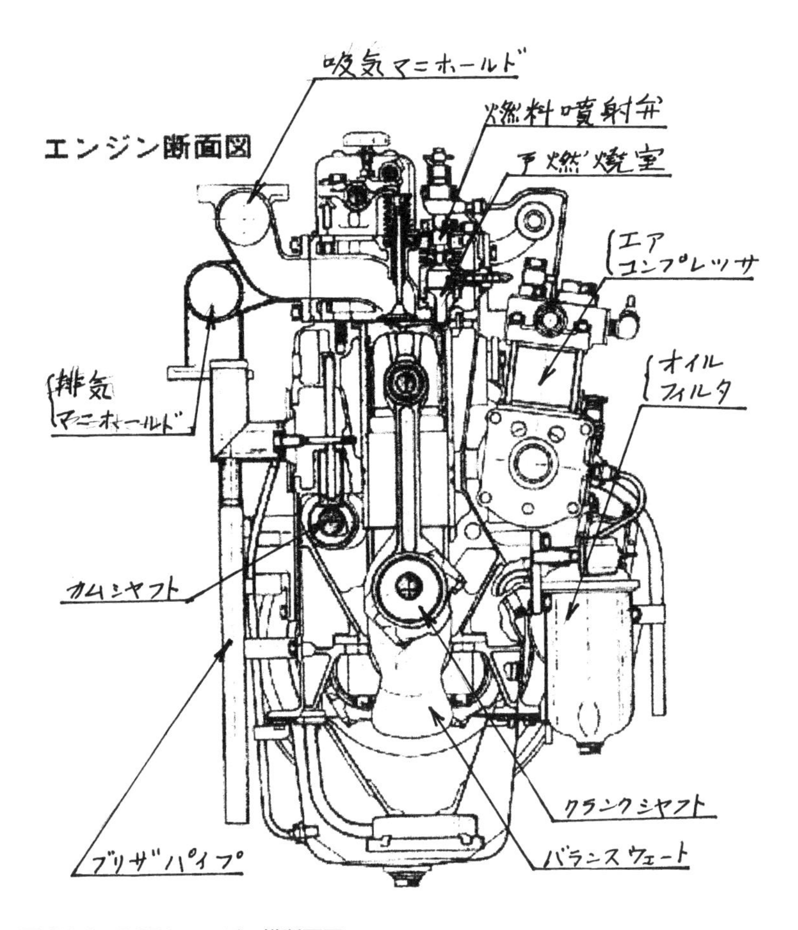


**図25-3：DS70エンジン横断面図**
燃料噴射ポンプはエアコンプレッサと同軸であるので図にはない。ブリザパイプはクランクケース内のブローバイガスを外に逃がすためのものであるが、オイル分を取り除くため上部に大きく迂回させていることがわかる、また、ガスはおおらかに大気中に逃がしている。

けの RSV と呼ばれるものが付いている。

図 25-3 にその断面図を示す。シリンダの右肩部に、哺乳瓶の乳首状の空間が予燃焼室である。ここに圧縮行程で圧縮された空気が詰め込まれて、燃料が噴射され着火爆発し、爆発ガスは燃えながら予燃焼室下端に設けられた 2〜3 個の小径の噴孔から勢いよく噴出され、それに伴って周りの空気を巻き込みながら混合を果たし、燃焼を完結する。このため噴孔への空気の吸入時および着火ガスの排出時の熱損失と局所的な熱負荷が増大し、燃費の増加および耐久性の低下は避けられない。しかし直接噴射式の場合は広い空間に噴射し、均一な分布と混合を果たすためにはより高圧の燃料噴射ポンプの作製と、それにマッチした適切な空気流動を与える吸入空気ポート並びに燃焼室形状の高度な設計が必要とされるため、安易な各種の副室式が用いられたが、いずれも同類の欠点を抱えていた。しかし、ガソリンエンジンに比し、格段の燃費並びに耐久性の格差は十二分に市場性があり、広く使われた。

右側の大きなエアコンプレッサはエアブレーキ用で、燃料噴射ポンプと同軸でドライブされる。左側のブリザパイプとは、行程中にピストン隙間から洩れる燃焼ガス（ブローバイガス）をクランクケースから放出するためのパイプで、後述の E13C エンジンに見られるように今日では混入したオイル分を除いて吸気に戻されているが、当時はおおらかに（?）大気中に排出した。クランクシャフトのバランスウエートが目立つが、前任の DA エンジンにはバランスウエートはなく、この DS エンジンで初めて取り付けた。

今日のエンジンではエンジン振動対策はもちろん、クランクケースの内部モーメント（シリンダごとの慣性質量による荷重により生ずる）[25-1]、ベアリング荷重対策などで振動に有利な直列 6 シリンダエンジンでもバランスウエートは重要な設計部位のひとつである。図 25-4 に DS エンジンの発展型 DS120 エンジンを示す。

# 東名高速バス専用水平対向12シリンダ

## 日野 DS120型（1963）

16ℓ 320PS/2400rpm

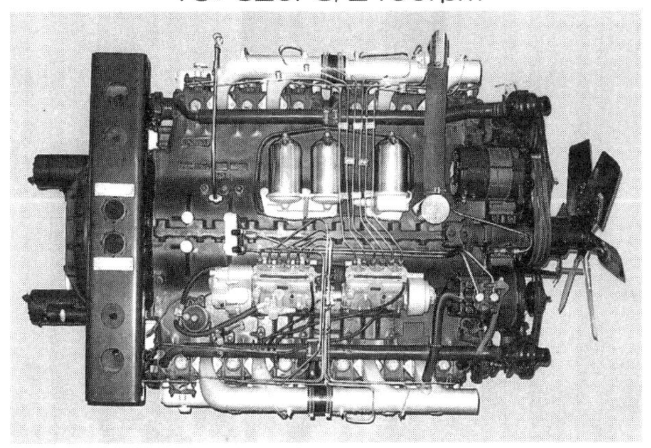

**図 25-4：東名高速バス専用 DS120 エンジン（日野オートプラザ）**
水平対向 12 シリンダ、16 リッター、320 馬力（235kW）/2400rpm。
エンジンを真上から見た写真である。
DS10 のボア、ストロークを大きくした 8 リッターエンジンをクランクシャフト中心で対向に繋いだ形である。燃料噴射ポンプは 2 台繋いであるが、ガバナ、タイマは 1 個、オイルフィルタは 3 個、ダイナモとコンプレサは 1 個、スタータは 2 個など苦心の跡がわかる。

# 第26章

## 往年の名機と最新の名機との邂逅　その2
## 最先端 E13C エンジン

### その原点 EK100 エンジン

現在日野自動車の大型トラック、バスの主力エンジンのひとつである E13C エンジンは日野が誇った EK100 エンジンが原点で、その誕生は 1975 年（昭和 50 年）である。その EK エンジンの誕生の背景は、ディーゼルエンジンの燃焼方式を予燃焼室式から直接噴射方式（直噴）への変換時期で、この変換のハードルは意外に高く、日野はこの燃焼技術の壁にぶつかり、最初の直噴エンジン EA は残念ながら失敗作といわざるを得なかった。

燃焼の話をガソリンエンジンと対比しながら述べよう。ガソリンエンジンは吸気行程中に吸気管あるいはシリンダ中にガソリンを噴射し、空気とは可燃範囲の混合比に混合し、その混合ガスを圧縮して点火する。ガソリンの液滴はすでに蒸発し、混合気は略均一になっており、点火により着火した部分から火炎となって伝播していく。

ディーゼルエンジンはまず空気だけを吸入、圧縮する。圧縮比は高く圧縮温度は燃料の自己着火温度より高いので噴射した燃料（自動車用では軽油）の液滴は着火し、その周囲は急速に加熱される。これと同じ状態が他の噴孔から噴射された噴霧内にも起こり着火域は急速に広がる。しかし、この場合、燃料液滴は空気とは均一に混ざってはおらず、液滴の回りの空気が少ない場合は不完全燃焼となり、煤、つまり黒煙を排出してしまう。即ち、ディーゼルエンジンでは燃料が着火し始める前に可能な限り空気と混ぜ合わせておく必要があり、この解決策のひとつが副室式であった。しかし経済圏が拡大し走行距離が伸びて来ると、燃料経済性が厳しく問われるようになり、1950 年代から 1960 年代にかけて急速に燃費にまさる直噴に移行し始めたのである [26-1]。

**図 26-1：EA100 エンジン搭載の KG 型トレーラートラック**
箱根の急坂を大きな爆音を残し駆け上がる姿は圧巻であった。

いち早くこの趨勢を掴んだ日野は、まず高速路線用大型トラクタトレーラ用としてのエンジンを作ろうとなり、当時たまたま大型 V6、V8 エンジンを新開発した老舗カミンズのエンジンを範として 1953 年試作設計に着手（EA100 エンジンと称した）、1967 年、これを搭載したトラクタトレーラの販売に漕ぎつけた。カミンズは永らく直列 6 シリンダのエンジンで商売を続けてきたが、この直列エンジンはグレートエンジンといわれ名声を馳せてきた。ところがこの V6、V8 はとんでもない失敗作であったのだ。それとは知らずに飛びついたものの、やはり、排気黒煙は濃く、爆発音はけたたましかった。直噴を知らない輩どもは、直噴とは、こんなものなのかと納得した節もあった。出力性能はほどほどであり、箱根の坂を大きな爆音を残し、勇壮に駆け上がる姿は圧巻で、ユーザーの評価は上々であった。ところが半年を経ずして、煙が黒すぎる、始動が不良、として苦情が殺到してしまった。その原因は、ボア、ストロークの選択ミスで、カミンズを真似て、日野もほとんど同じボア 140mm、ストローク 110mm としたことであった。ストロークとボアの比、即ちストロークボア比の選び方で、エンジンの大きさが大きく変わる状況を図 26-2 に示すが、ストロークボア比を小さくすればエ

**図26-2：ストロークボア比とエンジンの大きさおよび燃焼室形状**

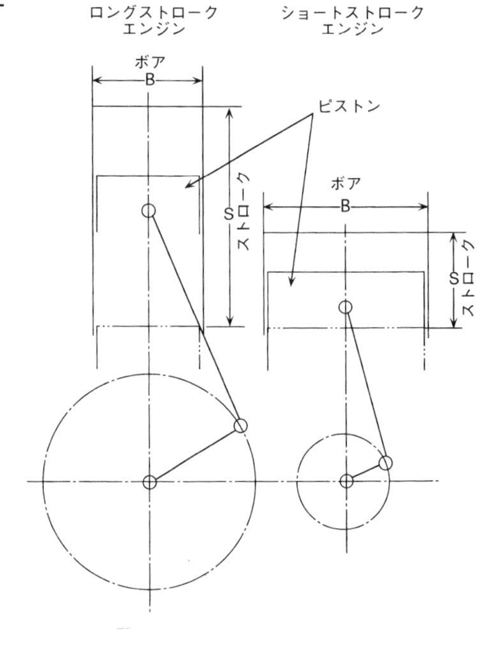




ンジンは小型になり、ピストンスピードは小さくなり、高回転、高出力を望むレースカーにはもってこいとなる。当時アメリカではこの比が小さく、1を割るオーバースクェアが乗用車用ガソリンエンジンで流行し、カミンズもこれをディーゼルエンジンで実行してしまっていたのである。すべて後知恵であったのであるが、ディーゼルエンジンのオーバースクェアはタブーであったのだ。なぜか？　これはちょっとややこしいので後の技術的説明で述べよう。この失敗を踏まえて、日野は乾坤一擲、新たにV型8シリンダエンジン3種類、直列型（L型）6シリンダエンジン1種類の直噴シリーズの開発に挑戦したのである。新型V8エンジンは前任のボア×ストトーク140mm×110mmに対し、130mm×130mm（EF型）と同ターボ付きおよび135mm×130mm（EG型）とし、L型は実績のある日野の予燃焼室式エンジンに、世界的に急激に評判となったマン（MAN）社のM方式をアプライしようということになった（ED型）。M方式というのは一種の空気室式ではあるが球型

の燃焼室をピストン頂部に設け、そこに1個ないし2個の噴孔から燃料を燃焼室壁面に沿って噴射させ、燃料を壁面から蒸発させて着火させるもので、したがって燃焼は緩慢で静かになり、マン社は「囁くエンジン、Flüstermotor, whispering engine」として宣伝した。日野もこの宣伝を横取り、上記3種類のV8に加え、「赤いエンジン」（シリーズ）と称して売り出し、評判は上々であった。V8は評判通り推移したが、L型のM方式の方は当初「めしを食わない力持ち」と好評であったが、まず排気臭と始動性の苦情が寄せられ始めた。時、たまたま日本で開催されたFISITA（国際エンジン燃焼会議）での、このエンジン発明者モイラー博士（Dr. J. S. Meurer）の美辞麗句を無条件で信じた嫌いもあったのであるが、このM方式で日野は再び大失敗をしてしまったのである。上記始動性と臭い、そして耐久性もであった。とくに北海道地区は始動もできないという騒ぎであった(26-2)。つまりカミンズを真似し、MANを真似して続けざまに失敗、新V8に続き今度は真っ当な直噴直列6シリンダエンジンの開発に、再び乾坤一擲の猛進を図ったのである。これがEKエンジン開発への出陣であった。

## 初めての直噴シリーズに排ガス対策も加味したEK100エンジン

EKエンジンのボア、ストロークは137mm × 150mmとし、思いきってエンジン高さを詰め、そのためコンロッドは世界で最も短い部類となったが、ピストン側圧（ピストンがエンジン側方に及ぼす圧力）の検討の結果行けるはずと判断し決行した。

EK100エンジンで採用したもうひとつの画期的技術がある。それは「HMMS」（Hino Micro Mixing System）と称した燃焼改善手法である。これもいささか専門的になるので、後に述べるが、簡単にいうと、吸入空気ポートの形状を工夫し、空気流を主流と複流に分け、これをシリンダ内で衝突させることで空気流の乱れエネルギーを画期的に増加させ、既述の空気と液滴の混合を良くし、燃焼を良くするというものである。これは、$NO_X$低減のために燃料噴射時期（燃料を噴射し始める時間）を遅らせても黒煙は増加せずに済むということで、シリンダ内空気流の乱れエネルギーに着目した恐らく世界初の実用例で、これが $NO_X$ 低減の決め手となった。EK100は、K13C、K13Dとターボ化も含め順次発展しE13Cとなるのである。

## 技術的説明a：オーバースクェア（大ボア、短ストローク）がタブーなわけ（図26-3参照）

シリンダボアが大きくなると、同じ圧縮比のものに対して燃焼室形状が扁平となり、噴孔の噴霧角が広がり燃料流路の抵抗も増し、噴霧のペネトレーション（到達距離）も足りなくなり、適切なキャビティ（燃焼室の凹み）形状も採りにくくなる、さらにピストントップの表面積が大きくなるので、空間に占めるトップクリアランスの容積の割合、つまりその部分の空気量の割合が多くなり、利用できない空気量が増え黒煙排出が増えることになる。

図26-3にストローク／ボア比に対する同じ圧縮比でのキャビティ容

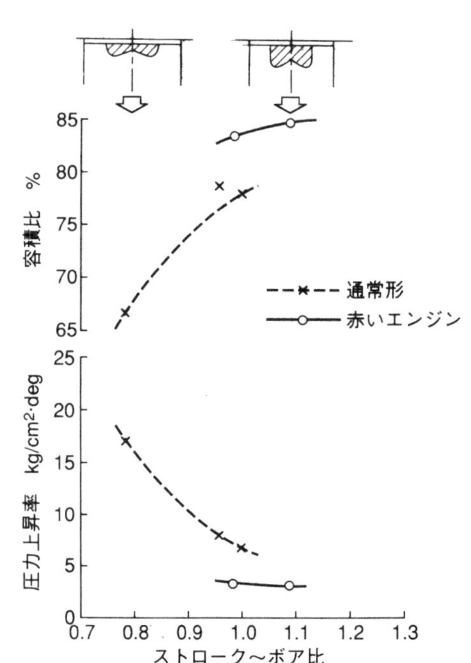


図26-3：ストロークボア比と圧力上昇率および燃焼室容積比（実験値の実例）

自動車用
航空用
船用
戦車用
汎用

積比と、同じ黒煙濃度にした場合の「燃焼の圧力上昇率」との関係を示す。同じ黒煙濃度にするためには燃料噴射時期をどんどん早めなければならず、そうすると着火するまでの時間が大きくなり、その間に噴射された燃料が一度に爆発するので爆発は急峻となる（つまり圧力上昇率は大きくなる）が、黒煙排出は減るのである。しかし圧力上昇率は10kg/㎠.degを優に超え（通常は2～3kg/㎤.deg程度）、エンジンはカンカンとけたたましい音をたてる、ノックである（EA100の場合）。こんな音をたてて箱根を登ればピストンのキャビティは容易に溶けてしまう（この現象をKolben Brennerという）[26-2]。

さて、今日では、このあたりの現象は設計時にすべてシミュレーションで計算でき、キャビティ形状も最適に決められる。図26-4にE13C

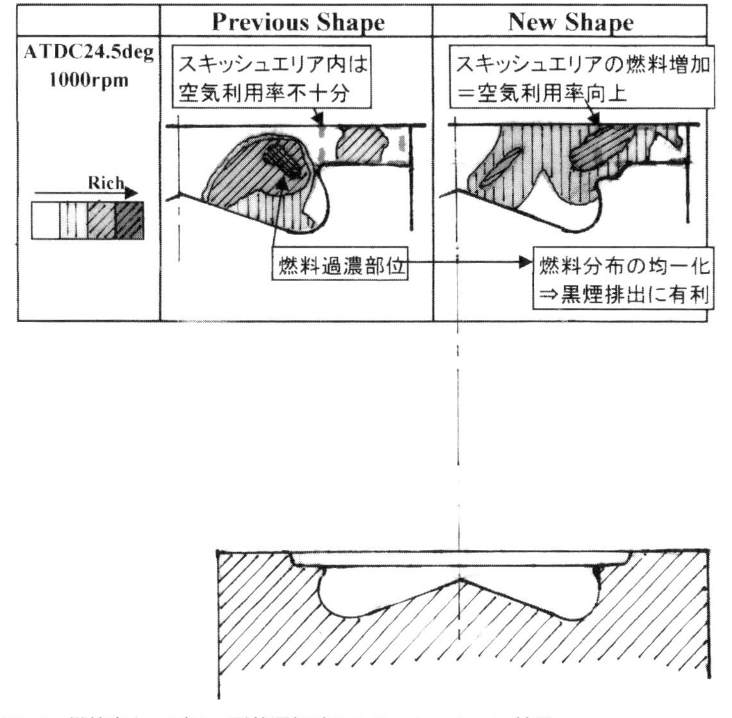


**図26-4：燃焼室キャビティ形状選択時のシミュレーション結果**
キャビティ内の当量比（燃料/空気比）分布の比較で評価できる。キャビティ外縁の段差の設計で大きく変わる様子がわかる。

エンジンのキャビティ形状選択時のシミュレーション結果の一例を示す。ピストン上部のカット図が選択したキャビティ形状であるが、上図の 1/4 パイの断面は、燃焼中のキャビティ部の当量比（燃料量 / 空気量の比）を、基本形状と最終の形状との比較で示してある。リップ部を段付きにした効果により、空気が利用されないで残っていた燃料過大部がなくなり、燃焼が改善された状況がわかる。最近のシミュレーションでは燃料の成分、特性の違いの影響まで計算している。

### 技術的説明 b：HMMS（Hino Micro Mixing System）

排気規制のガス成分のひとつである窒素酸化物 $NO_X$ は燃焼時の高温によりシリンダ内の空気中の窒素と酸素とが反応してできる。これを制限するには燃焼温度を下げてやれば良い。その手段は燃料噴射時期、つまり燃料噴射を開始する時期を遅くすれば良い。しかし、だらだらと燃えるので、煤の量つまり排気黒煙は増加してしまう、この二律背反のブレーキスルーが大きな課題であった。1970 年代の初め、オーストリアの AVL（ハンスリスト燃焼研究所）は世界中のエンジンの中から、燃料噴射時期を遅らせても排気黒煙が悪化しないエンジンがたった一機種存在することを発見した。日野はなんとかそのエンジン（シュタイヤー）を入手し徹底的に究明を図った。秘密は吸入空気流にあることを突きとめ、来る日も来る日も徹夜を重ね、その流動を観察し流速の振動を計測した結果、NOx 低減のメカニズムが解明できた。要約すると「吸入ポート中の流れを主流と複流とに二分し、これをシリンダ中で合流させるとその部分の乱れエネルギーが急増し、この乱れにより空気と燃料の混合が良くなり、これにより燃焼温度が低い状況でも燃焼が活発化して黒煙は増えない」というものである。

図 26-5 はシリンダ内流動の可視化写真で、2 つに分かれた空気流が衝突している状況がわかるもの、図 26-6 は流速振動の計測結果から計算した通常の吸入ポート図（a）と HMMS のポート図（b）との乱れエネルギーの比較結果である。慣性小領域（Inertial subrange）でエネルギーが一桁大きいことがわかる。慣性小領域とはコルモゴロフの − 5/3

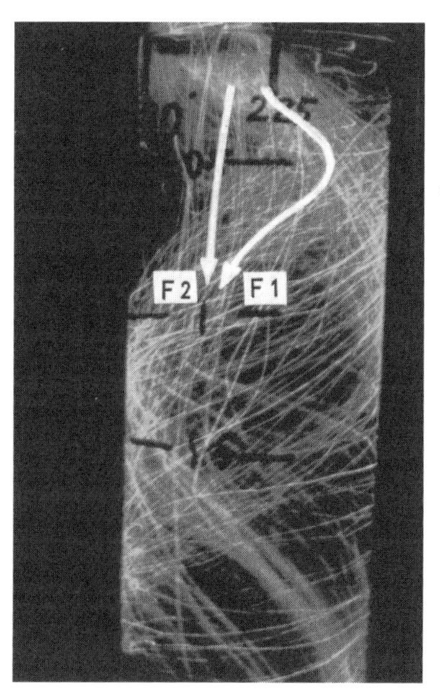


**図26-5：シリンダ内流れの可視化例**
1960 年代、まだ優れた可視化法は手にできず、原始的な火花追跡法で観察した。
この写真で主流 F2 に副流 F1 がちょうどトップから下死点のあたりで衝突していることが観察される。

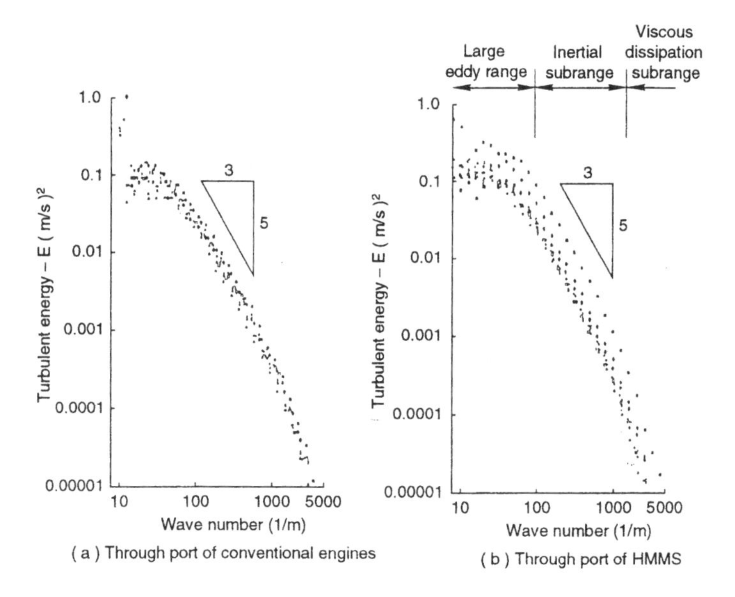


**図 26-6：流れ合流点でのエネルギー**
シリンダ内の同一地点での通常の吸入空気ポートと HMMS ポートとの乱れエネルギーを示す。コロモゴロフの慣性小領域で HMMS ポートによりエネルギーが非常に大きくなっていることがわかる。主流と複流の速度差で渦が発生、さらに合流の速度変動の周波数を計測して、波数と局所流速の２乗をエネルギーとして図を描いた。

乗則に従う範囲で、この範囲の渦は減衰しないというもの、つまり吸入行程中に生じたこの渦は圧縮行程でも減衰しないで残るということである。この渦のエネルギーによって燃料液滴と空気との混合が良くなり、未燃成分が減るという仮説である。

この成果を関口秀夫部長（当時）がHMMSと命名してくれ、その最初の適用エンジンがEK100であったのである。

乱れエネルギーの効果を具体的に実機で明らかにしたのはEK100が初めてであろうが、今日ガソリンエンジンも含めて、乱れエネルギーは計算により評価されている。HMMSでは当初ポート中のわずかな段差を付けて流れを二分する工夫などを行ったが、乱れエネルギーの絶対値は当時計算できず、無次元の比較値でしか示せなかった。近年、縦渦（タンブル）により乱れが生成されることがわかり、今日では、もっぱらタンブルとエネルギー量が計算で予測されている。クランク角度ごとのタンブル比（縦渦速度とピストン速度との比）が大略0～4において、乱れエネルギーTKE（Total Kinetic Energy）が大略0～0.45J/gとなる実例も発表されている[26-3]。

## 元祖EK100にあらゆる新技術を投入して完成したE13C

E13Cの外観を図26-7に示す。ボアはEKと同じ137mmであるがストロークは検討の結果146mmとして排気量は12.9リッターである。4弁OHC、ドライライナ（乾式シリンダスリーブ）で、高圧コモンレール燃料噴射システムである。コモンレールと燃料噴射パイプはシリンダヘッドカバー内に納め、外からは見えない。コモンレール方式は、今日、全世界に広がり、かつて極めて困難と思われた黒煙の壁はこれによって解決され、煙の出るディーゼルエンジンは今日、まず見かけなくなった。高圧化により液滴自体の粒径が小さくなったことと、高速化された噴霧流により周囲の空気が噴霧内に導入され、そこで混合が果たされるからである。さて、ターボチャージャで加圧され、インタークーラで冷却された吸入空気は図26-7のファンの脇に見える入り口から入り、EGRガスが加えられて吸気マニホールドからエンジンに吸入される。

**図 26-7：E13C エンジン外観図**
コモンレール高圧燃料噴射システムは、高圧燃料供給ポンプ（サプライポンプ）のみが見えるが、コモンレールおよびそこからの燃料噴射パイプはヘッドカバーの中にあるので見えない。ブリザパイプに入るクランクケースからのガスは、エンジン側面のオイル分離器を経てインテークパイプに入る。

EGR とは Exhaust Gas Recirculation、排気再循環といって排出されたガスをもう一度吸気に入れることで、燃焼温度が下がり $NO_X$ 濃度が下がり、燃焼室壁面温度も下がるので熱損失も減り、またガソリンエンジンでは火炎伝播速度も上がり効率も改善される。外観図には描けなかったが重要な排ガスの後処理装置があり、これを加えたエンジン全体のシステム構成を図 26-8 に示す。エンジンの排気は VGT（Variable Geometry Turbo、可変弁付きターボ）を回し DOC（酸化触媒）を経て、フィルタ、正確には DPF（Diesel Particulate Filter、微粒子フィルタ）に入り PM（Particulate Matter、微粒子）を除去した後、SCR 触媒（Selective Catalytic Reduction と称するアンモニア触媒）で尿素水（Urea）を噴射して $NO_X$ を退治する。さらにその後の NH3SlipCat

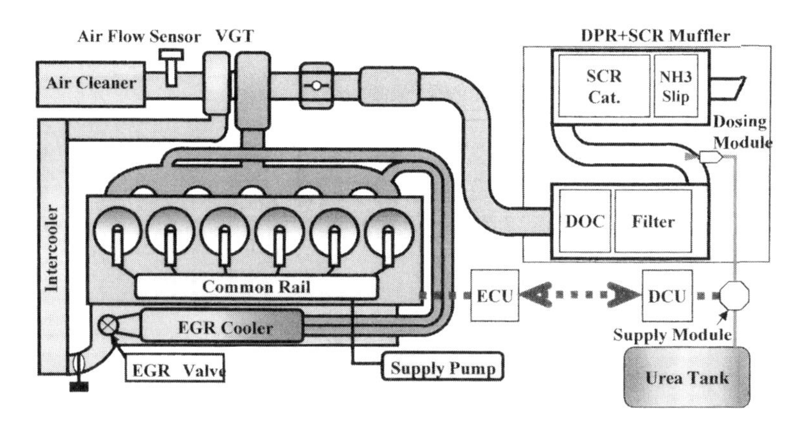


**図 26-8：エンジンの吸排気系および燃料噴射系システム図**
右側の四角内が DPR（微粒子フィルタおよび煤再生時温度上昇のための酸化触媒）＋尿素触媒（SCR Cat）およびアンモニアスリップ触媒（$NH_3$ Slip Cat）＋マフラ。
尿素水タンクは別置き。エンジン制御は ECU で、また尿素水制御は DCU で、それぞれ制御するが、両者は繋がれ協調制御される。

というのは $NO_X$ を退治した後、尿素水中の余ったアンモニアがそのまま排出されるのを防ぐため、それを窒素と水とに分解する触媒である。この中で DPF は煤で詰まってくるが、その場合、燃料を噴射して詰まった煤を燃やして除く。その詰まり具合をセンサで検知して作動させたり、尿素水の噴射も運転状況に応じて制御しなければならない。図 26-8 の四角で囲った排ガス後処理の構成部を DPR（Diesel Particulate active Reduction system）と称したが、それとエンジン全体の制御は ECU で制御し、尿素水噴射制御は DCU（Dosing Control Unit）で制御する。それらは、お互いに通信し合い、エンジン出力、燃費、排ガスの最適な協調制御を行なっている。

これらの構成は建機用エンジンの場合でも車輛用でも同じであるが、それぞれ必要トルク特性に応じた燃料噴射系の制御が異なる。

## 汎用エンジンとしての E13C エンジン

トラック用エンジンは当然各種建設機械用としても用いられるが、こ

**図26-9：最大吊り上げ荷重75トンのKATOラフテレンクレーン（加藤製作所提供）**
（上）：走行姿勢時。（下）：稼働姿勢時。

こではたまたま機関車の縁で訪問した加藤製作所製クレーンの例について述べる。クレーンといっても極めて多種のものがあるが、図 26-9 に示すものは E13C エンジン搭載の「ラフテレンクレーン」といって一般道路は 50km/h の速度で走行でき、かつ吊り上げ荷重 75 トンのものである。

走行時と稼働時の写真を示すが、稼働時にはトリガを必要幅に張りだし、タイヤは浮かせる。浮かせる理由は傾斜地での設置に対応させるためである。

エンジンは稼働時の写真の左端のボンネット中に収まる。ボンネット

**図26-10：最大吊り上げ荷重500トンのKATOトラッククレーン（加藤製作所提供）**
国産最大である。

の背面にラジエータグリルとラジエータを設置する。エンジンは E13C であるが出力はクレーンの使用条件に合わせて 275kW/1800rpm で、トラック用の最大値、382kW/1800rpm を下回る。

参考として、図 26-10 に国産最大の 500 トンの吊り上げ荷重のトラッククレーンの稼働中の写真も示す。トラッククレーンとはトラックのキャブ（運転台）をそのまま用いたクレーンである。図では小さくて見えないが、このような状態の場合は当然車体側に大きなカウンタウエイト（吊り上げる重量とバランスをとるおもり）を別送して取り付ける。

# 第27章

## 取り残されたディーゼルエンジンを救う

# 下町の黒煙フィルタ

既述したように、地球温暖化対策を中心にディーゼルエンジンはどんどんクリーンになり排気煙が見える車は見かけなくなった。

ところが町中で、あるいは郊外の浄水場などで時にとんでもない黒煙を見ることがある。ディーゼルエンジンなのだ。それが翌日には黒煙が消えてその建機（建設機械）は順調に働いている。フィルタ（正しくはDPF、ディーゼル・パティキュレート・フィルタ、商品名モコビー）が取り付けられたからである。それは簡易に取り付けられるタイプである。図27-2にその構造を示す。

図27-1：時に黒煙濛々と吐くディーゼルエンジン

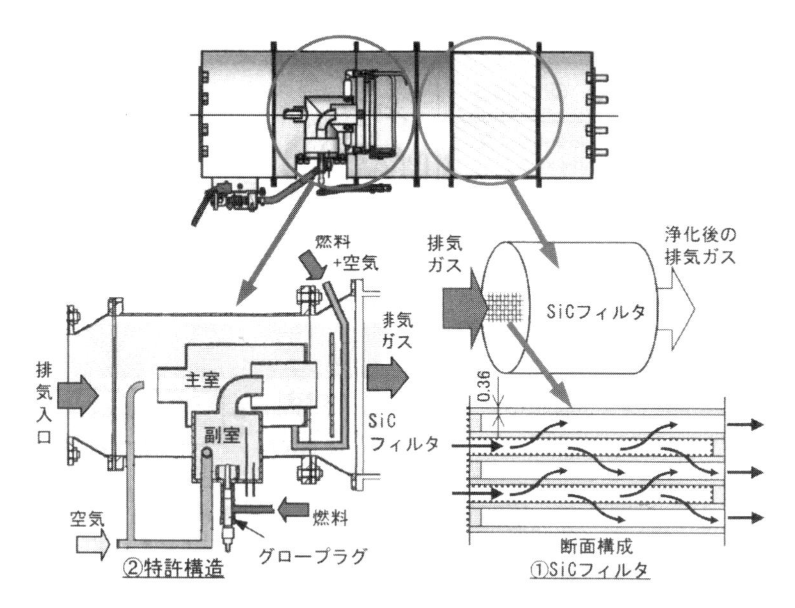


**図 27-2：自動再生装置付き黒煙フィルタ、モコビー**
エンジンから排出された排ガスは右下の断面図に示したように高熱に耐える SiC（シリコンカーバイト）製のフィルタの薄膜を通過する際、黒煙成分の煤及び PM（パティキュレート・マター、微粒子）を薄膜上に捉え濾過する。捉えた粒子成分は定期的に焼却し再度使用できるようにする（再生という）。ほとんどのユーザーはこのフィルタ部のみを取り付ける。通常は整備時に再生するが、煩雑を嫌うなどの場合に取り付けたまま再生する図示のタイプも開発している。それは副室付きのバーナーである。エンジン排気量によって大型のフィルタを、或いは小型のものを複数個、装着する。

クリーンディーゼルが実用化している現在、なぜ黒煙を吐くエンジンを使っているのか？　実例を図 27-3 に示す。これは住宅密集地で稼働する土壌改良機の稼働の場合である。土壌改良機とはその土地の排水性とか保水性とかの改善、あるいは地盤沈下の防止とか、土地自体の改良を行う機械で、その部分の土砂を削り取って、土砂の原料土（砂質土、粘性土）および固化材などを混ぜた改良土壌を投入するものである。この機械は大変高価であるので簡単には買い替えられず、20 年以上も経った機械が使用されていた。これにフィルタを取り付けた状況を拡大図に示した。上部に取り付けた円筒状のものが、図 27-2 に SiC フィルタとして示したもので、これだけを取り付けるのである。図 27-2 の左側

**図 27-3：住宅密集地で稼働する土壌改良機**
拡大写真部にフィルタ装着時を示す。

の自動再生装置は稼働中にフィルタに溜まった煤を燃焼させて除去するものであるが、特別の場合以外は装着せず、再生は稼働後に専用の再生機で煤をなくすのが普通である。取り付け例は千差万別であるが、病院の非常用発電機などもある。非常用であるから稼働するのは停電時のみであるので、エンジンはどうしても旧型になってしまう。また緊急時に動かなくなっては困るので毎年点検のため運転する。そんなときに黒煙が出るのは困るので、モコビーの出番となる。

前章では燃料品質が悪い外地での挑戦の例を語ったが、黒煙に困惑しているのは国内のように取り残されたエンジンのみではなく、外地では時に稼働中の車も対象となる。

図 27-4（a）はモコビーを取り付けて走るモンゴルのバスである。排気の煙は見えない。

図 27-4（b）はこのバスに取り付けたモコビーである。

このフィルタを開発製造しているのは下町の小企業コモテック社である。社長の小森正憲氏は、元は大手自動車会社の社員であったが、取り残されてしまったディーゼルエンジンの救済に会社を立ち上げたのである（図 27-5 参照）。

**図 27-4（a）：モコビー装着のモンゴルのバス**

モコビー効果で排気煙は見えないが、背景にもなにも見えない。ゴビ砂漠だろうか？

**図 27-4（b）：モコビーをバスに装着した状態**

モコビーからの排気パイプが左の３本、右の太いパイプはモコビーが急に詰まったりした場合の緊急時のバイパスパイプ。このバスの場合はモコビー3 個を取り付け、エンジンからの排ガスは、写真の裏側から３個のモコビーに入り、濾過されて３本のパイプから外に排出される。

図 27-5：下町の DPF 工場（コモテック社）

## 参考文献

### 自動車用

（1-1）：「機械工学便覧　基礎編 α 1」日本機械学会 2005
（2-1）：鈴木孝『名作・迷作エンジン図鑑』グランプリ出版 2013
（2-2）：樋口健治『自動車技術史の事典』朝倉書店 1996
（2-3）：Anthony Bird, Kleine Chronik des Automobils, Delius Klasing & Co, 1967
（2-4）：Mechanical Engineering, Vol134/No.7, ASME July 2012
（3-1）：鈴木孝『エンジンのロマン』三樹書房 2002
（3-2）：Antony Bird, Ubersetzung von Helmut Dillenburger, Kleine Chronik des Automobils, Verlag Delius Klasing & Co. 1967
（3-3）：W.Huss & W.Schenk, Omnibus-Geschichte, Huss Verlag, 1982
（3-4）：History of Mercedes-Benz Motor Vehicles and Engines, Daimler-Benz AG, 1972
（3-5）：NHK 編『人間は何を作ってきたか　自動車』日本放送協会 1980
（4-1）：今井武雄「池貝ヂーゼル自動車に就いて　日本機械学会誌第 1 巻第 4 号」1935
（4-2）：沼崎英夫「消えた池貝自動車の足跡日刊自動車新聞」1980 年 11 月 6 日以降 4 回
（4-3）：今井武雄・関敏郎「乗用ヂーゼル自動車の使用実績に就いて　機械学会誌第 44 巻第 287 号」1946
（5-1）：鈴木孝 編著『日野自動車の 100 年』三樹書房 2010
（5-2）：内丸最一郎『内燃機関』技報堂 1959
（5-3）：Advisory Committee on Technology for international Affair National Research Council, "Producer Das Another fuel for Motor Transport", National Academy Press Washington DC, 1983
（5-4）：益田申『薪自動車』山海堂理工学論叢 1943
（5-5）：Dave Foster, Towards Sustainable Mobility by Pursuing the Optimization and Fuels and Engines, 早大モビリティ研究会講演、Feb.1 5, 2015
（6-1）：鈴木孝「ルノー 4CV からコンテッサへ　―技術導入の軌跡―日野技報 No51」1998
（7-1）：鈴木孝『ディーゼルエンジンと自動車』三樹書房 2008
（7-2）：鈴木孝『20 世紀のエンジン史』三樹書房 2001
（7-3）：T. Suzuki et. al, Observation of Combustion Process in D.I. Diesel Engine via High Speed Direct and Schlieren Photography, SAE 800025, 1980
（7-4）：T. Suzuki et. al, Development of a Higher Boost Turbocharged Diesel Engine for Better Fuel Economy in Heavy Vehicles, SAE, 830379, 1983
（7-5）：Otto Uyehara, Factors that affect NOX and Particulates in Diesel Engine Exhaust - Part Ⅱ, ACE 技術論文集 NO.2, 1992
（7-6）：棚沢泰『噴霧燃焼論　ディーゼル機関Ⅰ 熱機関体系 6』山海堂 1956
（7-7）：鈴木孝幸『ディーゼルエンジンの徹底研究』グランプリ出版 2012
（8-1）：山田耕二「フランクリンについて　トヨタ博物館紀要 No.18」2011
（8-2）：Sinclair Powell, The Franklin Automobile Company, SAE, 1999
（8-3）：樋口健治『自動車技術の事典』朝倉書店 1996
（8-4）：George P. Hanley & Stacey P. Hanley, The Marmon Heritage, 1990
（9-1）：鈴木孝『エンジンのロマン』三樹書房 2012
（9-2）：神蔵信雄『高速ガソリンエンジン』丸善株式会社 1960

## 航空用


(10-１)：Pierre Lissarrague, Clément Ader Inventeur D'Avions, Bibliothèque histrique Privat, 1990
(10-２)：鈴木孝『名作・迷作エンジン図鑑』グランプリ出版 2013
(10-３)：飯嶋和一『始祖鳥記』小学館 2000
(10-４)：根本智『パイオニア飛行機ものがたり』オーム社 1996
(11-１)：鈴木孝「アメリカの研究所を訪ねて 内燃機関６巻１号」1967
(11-２)：富塚清『ライト兄弟』三樹書房 2003
(11-３)：根本智『パイオニア飛行機ものがたり』オーム社 1996
(11-４)：David McCullough,The Wright Brothers, Simon & Schuster, 2015
(11-５)：Joseph J. Schuroeder, Jr. The Wonderful world of Automobiles, Digest Books Inc,.
(11-６)：Bill Gunston The Development of Piston Aero Engines, Patrick Stephens Ltd, 1993
(11-７)：J. Crawford B. MacKeand, Sparks and Flames, Tyndar Press, 1997
(11-８)：鈴木孝『20 世紀のエンジン史』三樹書房 2001
(11-９)：Hans Giger, Kolben Flugmotoren, Motor buch Verlag, 1986
(11-10)：伊藤宏一ほか「ムリネの設計法と較正、日本機械学会論文集（B 編）77 巻 773 号」2011
(12-１)：C. Fayette Taylor, Aircraft Propulsion, Smithsonian Institution Press 1971
(12-２)：Before the Wright Brothers, Don Berlner, Lerner Publication Co. 1990
(13-１)：Alec S.C. Lumsden, British Piston Aero-engines, Airlife, 1994
(13-２)：鈴木孝『エンジンのロマン』三樹書房 2012
(13-３)：「いすゞディーゼル技術 50 年史」いすゞ自動車 1987
(14-１)：Kyrill von Gersdorff, Kurt Grasmann, Bernard & Graefe Verlag, 1981
(14-２)：富塚清『航研機』三樹書房 1996
(14-３)：日本航空学術史編委員会『航研機』丸善 1999
(14-４)：成瀬政男『日本技術の母胎』機械製作資料社 1945
(15-１)：Graham White, Allied Aircraft Piston Engines of World War Ⅱ, SAE, 1995
(16-１)：Cary Hoge Mead, Wings Over The World, The Swannet Press, 1971
(16-２)：佐貫亦男『形の無い航空機産業 別冊週刊読売 世界の飛行機』読売新聞社 1975
(16-３)：Bill Gunston, Aero Engines, Patrick Stephens Limited, 1995
(17-１)：Reinhard Müller, Junkers Flugtriebwerke AVIATIC VERLAG 2006
(17-２)：田村誠『第２次大戦のドイツ試作・計画中型爆撃機 / 戦略飛艇 ミリタリーエアクラフト』デルタ出版 2001
(17-３)：Uradimir Kolelinikov, Russian Piston Aero Engine, The Crowood Press, 2005
(17-４)：Dr. M. Hughs & Dr. C. Mann, The T34 Russian Battle Tank, MBI Publishing Co., 1999
(17-５)：中川良一・水谷総太郎『中島飛行機エンジン史』酣燈社 1985
(18-１)：上條謙二郎『ロケットターボポンプの研究・開発』東北大学出版会 2013
(18-２)：藤平右近・黒田康弘『液体ロケットの設計 ｛熱機関体系 4｝』山海堂 1956
(18-３)：Kyrill von Gersdorf et, al, Fulugmotoren und Strahltriebwerke, Bernard & Graefe
(18-４)：Rudiger Kosin, Die Entwicklung der deutschen Jagdflugzeuge, Bernard & Graefe Verlag, 1990
(18-５)：小泉和明・菊池修一『図解ドイツ空軍』並木書房 1995
(19-１)：高田幸雄『神風になりそこなった男達』国書刊行会 1992
(19-２)：高田幸雄「54 年目の言い訳　PD 11-4」日野コンテッサクラブ 1999

(19-３)：鈴木孝「秋水とヒノコンマース　PD 11-4」日野コンテッサクラブ 1999
(19-４)：横山孝男他「秋水とそのオリジナル Me163B の比較技術史　日本機械学会 1999 年度年次大会論文集（v）」1999
(19-５)：横山孝男他「秋水燃料槽改修と Me163B の落とした影　産業考古学 第 101 号」2001

## 舶　用

(20-１)：浅見 與一「内火艇機関メーカー池貝鉄工所　東北大学機械系同窓会誌第５号」2001
(20-２)：C.H.F. Nayler, Dictionary of Mechanical Engineering, SAE, 1967
(20-３)：鈴木孝『名作・迷作エンジン図鑑』グランプリ出版 2013
(20-４)：「新潟鉄工所社史」
(21-１)：江川登他「ヤマハ MD859KUH 形機関　内燃機関 VL.29 No.374」1990

## 戦車用

(22-１)：Hans Giger, Kolben-Flugmotore, Motorbuch Verlag 1986
(22-２)：鈴木孝『名作・迷作エンジン図鑑』グランプリ出版 2013
(22-３)：鈴木孝『ディーゼルエンジンと自動車』三樹書房 2008
(22-４)：佐山二郎『機甲入門』光人社 NF 文庫 2002
(22-５)：吉田毅『空冷ディーゼルエンジン』山海堂 1963
(23-１)：ダグラス・オージル（加登河幸太郎訳）『無敵！ T34 戦車』サンケイ出版 1973
(23-２)：Wheels & Trucks,No.57,1967
(23-３)：Dr .M. Hughs & Dr. C. Mann, The T34 Russian Battle Tank, MBI publishing Co, 1999
(23-４)：J. U. Augstin, Der Dieselmotor der Sovjetrussischen Panzerkampfwagen, VDI-Zeitschrift Bd 87 Nr43/44 30 Okt. 1943
(23-５)：大久保大治「露西亜 T-34 ディーゼルエンジンに関する考察」個人備忘録
(23-６)：Uradimir Kolelinikov, Russian Piston Aero Engine, The Crowood Press, 2005
(23-７)：Dr .M. Hughs & Dr. C. Mann, The T34 Russian Battle Tank, MBI publishing Co, 1999

## 汎　用

(24-１)：鈴木孝 編著『日野自動車の 100 年』三樹書房 2010
(25-１)：鈴木孝『エンジンのロマン』三樹書房 2012
(26-１)：鈴木孝『ディーゼルエンジンと自動車』三樹書房 2008
(26-２)：鈴木孝『20 世紀のエンジン史』三樹書房 2001
(26-３)：Ellen Meels, Predict Internal Combustion Engine Performance and Emission with Confidence, SAE e-Seminar, 2016
(26-４)：Takashi Suzuki et al, Development of a Higher Boost Turbocharged Diesel Engine for better Fuel Economy in heavy Vehicles, SAE Paper 830379, 1983
(26-５)：Takashi Suzuki et al, Development of Diesel Combustion for Commercial Vehicles, SAE Paper 972685, 1997
(26-６)：Takashi Suzuki, The Romance of Engines, Society of Automotive Engineers, Inc. 1997

# 謝　辞

ただでさえ御多忙な時間に間を作り、拙文のまとめにご教示、ご協力、ご援助賜わった方々に心からの御礼を申し上げたい。

拙文は前著からの続きであり、したがってそれらの方々に何人かの方々がさらに加わって、ご援助賜わった。

本著では新たに加わった方々の御尊名を記させていただき、前著に記した方々とともに感謝を捧げさせていただきたい。

続編に対し、新たに下記の方々の御尊名を加えさせていただく（敬称略・順不同）。

杉浦孝彦、川島信行、鴨下源太郎、鴨下礼二郎、西村隆士、入交昭一郎、
柚須紘一、江沢智、鈴鹿美隆、高松武彦、大久保大治。

さらにお名前は記し得ないが、日野自動車の先輩、現役の方々にも非常な御協力を賜った。

また執筆については小林謙一社長、木南ゆかり氏、山田国光氏の多大な御理解と御援助を賜った。

以上に対しあらためて厚くお礼申し上げたい。

最後にかげながら援助してくれた家族にも感謝して筆を擱きたい。

鈴木　孝

〈著者紹介〉

**鈴木　孝**（すずき・たかし）

1928年長野市生まれ。1952年東北大学工学部卒業、日野ヂーゼル工業（現日野自動車）入社。研究開発部に所属し、エンジンの設計、開発に従事。コンテッサ900、1300およびヒノプロト用ガソリンエンジン、日野レンジャー、赤いエンジンシリーズなどのディーゼルエンジンの設計主務を歴任。1977年京都大学にて工学博士号取得。以後、1987年新燃焼システム研究所社長兼務、1991年日野自動車副社長を務め、1999年同社退社。SAE（アメリカ自動車技術会）Fellow、IMechE（イギリス機械学会）Fellow、ASME（アメリカ機械学会）特別終身会員。1978年科学技術長官賞、1988年CalvinW.RiceLecture賞（アメリカ機械学会）、1988年ForestR.McFarland賞（アメリカ自動車技術会）、1994年自動車技術会技術貢献賞、1996年谷川熱技術賞、1998年SAERecognitions賞（アメリカ自動車技術会）、1999年日本機械学会エンジンシステム部門賞、2006年日本機械学会技術と社会部門賞など数々の賞を受賞。1995年には紫綬褒章（科学技術）を受章。2011年日本自動車殿堂入り。

著書に、『エンジンの心』（日野自動車販売1980年）、『自動車工学全集ディーゼルエンジン』（共著山海堂1980年）、『エンジンのロマン』（プレジデント社1988年）、『発動机的浪漫』（北京理工大学出版1996年）、『TheRomanceofEngines』（SAE1997年）、『20世紀のエンジン史』（三樹書房2001年）、『エンジンのロマン新訂版』（三樹書房2002年）、『ディーゼルエンジンと自動車』『ディーゼルエンジンの挑戦』（ともに三樹書房2008年）、『日野自動車の100年』（編著三樹書房2010年）、『エンジンのロマン改訂新版』（三樹書房2012年）、『名作・迷作エンジン図鑑』（グランプリ出版2013年）。

**古今東西エンジン図鑑**

**その生い立ち・背景・技術的考察**

2017年1月25日初版発行

著　者　**鈴木　孝**

発行者　**小林謙一**

発行所　**株式会社グランプリ出版**

〒101-0051　東京都千代田区神田神保町1-32

電話 03-3295-0005㈹　FAX 03-3291-4418

振替 00160-2-14691

印刷・製本　シナノ パブリッシング プレス



ISBN-978-4-87687-349-4　C2053